Al-Mg_2Si 复合材料

秦庆东　著

北　京
冶　金　工　业　出　版　社
2018

内 容 提 要

$Al\text{-}Mg_2Si$复合材料（又称$Al\text{-}Mg_2Si$合金体系）是一种新兴的金属基复合材料，由于Mg_2Si特有的物理和力学性能，近年来引起了广泛的关注。本书以Mg_2Si金属间化合物物理性能入手，综述了$Al\text{-}Mg_2Si$的研究现状；研究了Mg_2Si在铝合金熔体中的生长行为、生长方式，计算了冷却速度对Mg_2Si生长方式转变的临界点，探讨了转变机制；根据Mg_2Si的生长特性，研究了稀土、锶及热处理等手段对金属间化合物Mg_2Si形貌的控制方法、控制技术；研究了$Al\text{-}Mg_2Si$复合材料的制备方法、半固态制备技术以及工艺参数对半固态组织的影响，研究了材料的组织与力学性能、摩擦磨损性能等的影响因素及机制；初步探索了$Al\text{-}Mg_2Si$复合材料焊接及连接方式，研究了搅拌摩擦焊接对材料的组织、性能的影响。

本书可供从事金属材料、合金理论研究的科研工作者以及相关领域的工程技术人员阅读，也可供大专院校有关师生参考。

图书在版编目(CIP)数据

$Al\text{-}Mg_2Si$复合材料/秦庆东著．—北京：冶金工业出版社，2018.2

ISBN 978-7-5024-7704-2

Ⅰ.①A… Ⅱ.①秦… Ⅲ.①金属复合材料 Ⅳ.①TG147

中国版本图书馆CIP数据核字（2018）第029855号

出 版 人 谭学余
地 址 北京市东城区嵩祝院北巷39号 邮编 100009 电话 (010)64027926
网 址 www.cnmip.com.cn 电子信箱 yjcbs@cnmip.com.cn
责任编辑 杨 敏 高 娜 美术编辑 吕欣童 版式设计 孙跃红
责任校对 郑 娟 责任印制 牛晓波
ISBN 978-7-5024-7704-2
冶金工业出版社出版发行；各地新华书店经销；三河市双峰印刷装订有限公司印刷
2018年2月第1版，2018年2月第1次印刷
169mm×239mm；9.75印张；201千字；147页
55.00元

冶金工业出版社 投稿电话 (010)64027932 投稿信箱 tougao@cnmip.com.cn
冶金工业出版社营销中心 电话 (010)64044283 传真 (010)64027893
冶金书店 地址 北京市东四西大街46号(100010) 电话 (010)65289081(兼传真)
冶金工业出版社天猫旗舰店 yjgycbs.tmall.com

前　言

$Al\text{-}Mg_2Si$ 复合材料具有密度低、比模量高、制备工艺简单、成本低廉等优点，适合用来制作汽车发动机缸套、制动盘等轻量化重要部件。然而，在铝基体中初生 Mg_2Si 增强相通常较粗大，且多呈尖角状，割裂基体，降低性能，因此，改变增强体的形态和尺寸，提高其强韧性就成为当前急需解决的首要问题。

本书通过研究初生 Mg_2Si 增强相在 Al 基体（熔体）中结晶、生长特性，探讨了冷却速度对 Mg_2Si 晶体生长方式的影响；通过添加合金元素、采用半固态成型技术以及过热、重熔等方法有效地控制了 $Al\text{-}Mg_2Si$ 复合材料的显微组织，探讨了相关过程的科学性；研究了变质前后 $Al\text{-}Mg_2Si$ 复合材料的力学特性和干滑动磨损行为；探讨了 $Al\text{-}Mg_2Si$ 复合材料的同种或者异种材料的搅拌摩擦焊及搅拌摩擦加工过程。通过这些探讨和研究，希望能够加快该种材料的应用进程。

全书在基于国内外大量文献分析总结的基础上，结合理论分析和实验研究，重点围绕 $Al\text{-}Mg_2Si$ 的凝固行为、Mg_2Si 在铝熔体中的生长特征开展了研究工作，结合变质剂的作用，探讨了变质机理；采用了应变诱发法、冷斜面技术和等温热处理法能够成功地制备出初生 Mg_2Si 增强相与 α-Al 基体双重球化的半固态复合材料坯料，通过基体与增强相的双重球化，为材料的强韧性提供了基础，为金属材料的强韧化提供了新的思路；进行了 $Al\text{-}Mg_2Si$ 材料的同种合金焊接与异种合金的焊接研究，结合 Mg_2Si 相的特点，在搅拌摩擦焊接过程中既改变了 Mg_2Si 的形态，又实现了材料的连接。

本书内容与作者的研究课题国家自然科学基金项目(51564005)、贵州省优秀青年科技人才培养计划项目（黔科合平台人才［2016］5633)、贵州省科技创新人才团队项目（黔科合人才团队［2015］4008)、贵州省重点实验室建设项目（黔科合平台人才［2016］5104）密切相关，是贵州省一流课程建设项目(YLDX201710）的重要组成部分；同时，书中介绍的实验得到了吉林大学赵宇光教授的全程指导；此外撰写过程中，参考了一些专家学者的有关研究成果与文献资料，在此一并表示衷心的感谢!

由于作者水平有限，书中不足之处，敬请广大读者批评指正。

作　者

2017 年 10 月

目　　录

1 绪　论

1.1 引言

铝是地壳中分布最广泛的元素之一，其平均含量为8.8%，仅次于氧和硅而居第三位。就金属而言，铝则居第一位。已探明的数据表明，我国铝矿储量达15亿吨，排名世界前列，客观上也为该金属的工业化应用提供了良好的资源基础。由于铝的相对原子质量为26.98154，是有色合金中密度较小的轻金属，此外，铝在提炼及加工过程中较易实现清洁化生产。更重要的是铝制品在大气中不易锈蚀且有很高的回收率，因此，各行各业特别是交通航海等铝的使用量与日俱增。

铝基复合材料的开发研究一直是材料界与工程界关注的热点。随着轨道交通和汽车工业的高速发展，能源紧缺、环境污染等问题日益严重，以减重节能为目标的车辆轻量化技术研究与开发备受关注。与传统钢铁材料相比，颗粒增强铝基复合材料具有较高的比强度，比刚度，良好的热稳定性和耐磨性，很适合用来制作汽车和高速列车制动系统的制动盘，以使车辆悬挂系统的重量大幅度减轻，国内外研究人员对此进行了大量的研究和探索。然而，国外现有的复合材料制动盘大多采用SiC颗粒增强铝基复合材料制作，其合成工艺略显复杂，价格较高，尤其切削加工困难，很难在普通轿车上大规模推广应用。近年来，国内也进行了类似的研究，但是未见实际应用的报道。众所周知，在铝合金熔铸过程中很容易形成Mg_2Si金属间化合物。Mg_2Si具有高熔点（1085℃），低密度（1.99×10^3 kg/m^3），高硬度（450HV），低热膨胀系数（$7.5\times10^{-6}K^{-1}$）和高的弹性模量（120GPa），很适合作为铝基复合材料的增强体，尤其是Al-Mg_2Si复合材料制备方法简单，成本低廉，与现有的外加陶瓷颗粒增强体SiC、TiC、TiB_2、Al_2O_3等复合材料相比，Al-Mg_2Si复合材料由于其增强相是在凝固过程中原位生成的热力学稳定相，故与基体相容性好、界面干净、结合牢固，热稳定性好，增强体分布均匀，同时制造工艺简单、成本低廉，且有远优于陶瓷颗粒增强铝复合材料的切削加工性和成型性。因此，作为汽车发动机缸套、制动盘等轻量化重要部件的制造材料，Al-Mg_2Si复合材料有着巨大的市场潜力和广泛的应用前景，可望实现部件复合、成型的低成本、一体化制造，推动汽车行业轻量化的发展。

但目前限制这种材料推广应用的关键是室温脆性。铝合金中作为初生相形成的 Mg_2Si 金属间化合物一般比较粗大，且多呈尖角状，割裂基体，降低性能。改变基体及增强体的形态、尺寸和分布，控制复合材料的凝固、加工和成型过程，提高其强韧性就成为当前急需解决的首要问题。快速凝固技术可使其细化，部分地解决上述问题，但快速凝固技术成本高，工艺复杂，难以推广应用。因此，研究 Al-Mg_2Si 复合材料的组织控制技术，深刻理解其形核、长大、相态选择演化以及相分布等影响规律，从而有效地控制组织形态，提高复合材料的韧性，推动先进复合材料的工程化、实用化进程，必将具有重要的理论意义和实用价值。

1.2 Mg_2Si 金属间化合物及 Al-Mg_2Si 复合材料研究现状

1.2.1 Mg_2Si 金属间化合物的物理力学性质

Mg_2Si 是 Mg-Si 体系唯一稳定的化合物，Mg-Si 体系二元相图如图 1-1 所示，Mg_2Si 晶体结构如图 1-2 所示[1]：12 个原子在一个晶胞上，4 个 Si 原子在角和面心位置上，8 个 Mg 原子在晶胞内部形成一个简单的立方亚点阵，是典型的面心立方的晶格类型，属反萤石结构（CaF_2），空间群为 Fm3m，具有较高的对称性，其热物理特性、热力学以及力学性能数据如表 1-1 所示。

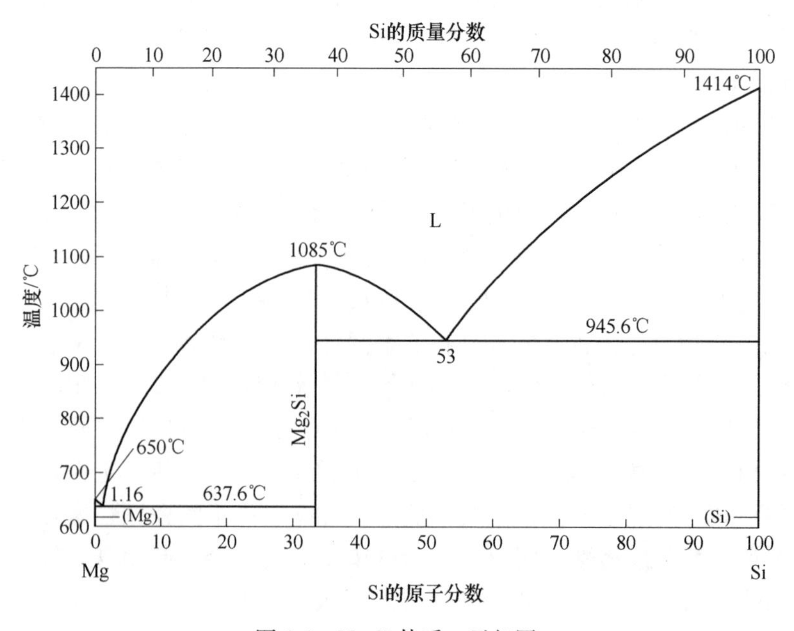

图 1-1 Mg-Si 体系二元相图

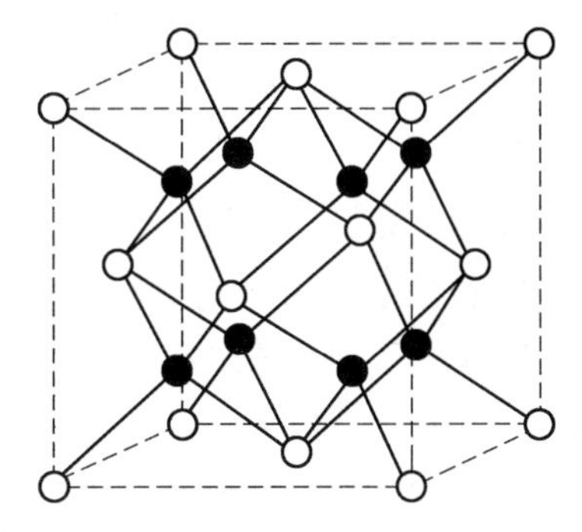

图 1-2 金属间化合物 Mg_2Si 晶体结构
（● Mg 原子，○ Si 原子）

表 1-1 金属间化合物 Mg_2Si 物理学、热力学及力学性能数据

物理数据		参考文献
晶胞参数/nm	0.6338	[3]
	0.6351	[4]
密度/g · cm^{-3}	1.998	[4]
	1.88	[5]
	1.90	[6]
	1.94	[7]
	1.95	[8]
	2.00	[9]
	2.35	[10]
熔点/℃	1085	[9]
	1087	[8]，[10]
	1090	[11]
比热容/J · $(mol \cdot K)^{-1}$	73.3	[12]
结晶潜热/kJ · kg^{-1}	1119.71	[1]
热传导系数/W · $(m \cdot K)^{-1}$	8.0	[13]
热膨胀系数/K	7.5×10^{-6}	[13]
显微硬度	HV=460±25	[1]
杨氏模量/GPa	120	[1]
压缩强度/MPa	1670	[1]
脆性/延展性转变温度/℃	450	[1]

Takeuchi 等人研究了晶粒尺寸为 1mm 的 Mg_2Si 晶体从室温到~1000K 的塑性

变形行为[2]。Mg_2Si 晶体在低于 500K 条件下非常脆，在高于 550K 具有强的承受塑性变形的能力。随着温度的升高，屈服强度迅速下降，当温度高于 900K 时，下降到 10MPa。图 1-3 是密度小于 4.5g/cm³[1]，熔点低于 2000℃ 的二元金属间化合物晶体结构、熔点以及密度的关系图。由于 Mg_2Si 有着简单的晶体结构和高的对称性，与其他作为增强相的脆性金属间化合物相比具有更好的延展性[1,14]，此外，较低的密度使得 Mg_2Si 能够成为理想的金属基复合材料增强相。

同时，Mg_2Si 还是一种窄带 n 型半导体。由于它具有高的热导电率和低的导热率，其单晶是 n 型半导体，是适用于中温区的一种热电材料。已有研究表明[15]，以 Mg 为中心的 Mg_2X（Si、Ge、Sn）系列金属间化合物是优秀的中温域（400~700K）热电半导体。其中，特别以 Mg_2Si 为基的固溶体，具有较大的有效质量和小的晶格热导率。根据热电半导体性能化指标 β 值远高于 Mg_2Ge、Mg_2Sn 以及 $FeSi_2$ 和 $MnSi_2$ 热电体系的值，故它又是一种有前途的热电材料。

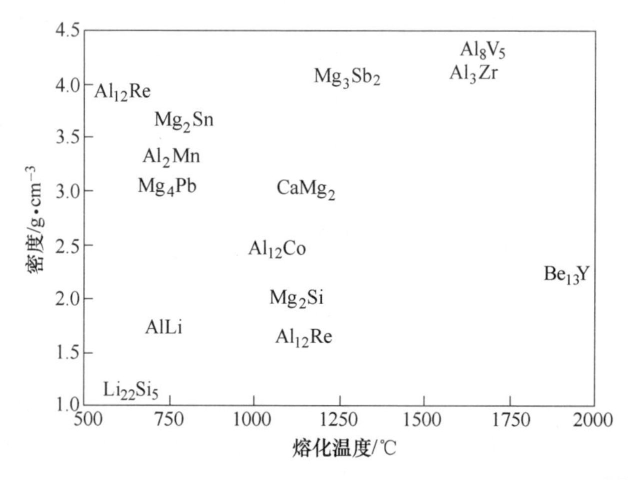

图 1-3 不同晶体结构的二元金属间化合物密度和熔化温度[1]

1.2.2 Mg_2Si 金属间化合物及 Mg_2Si 复合材料制备方法

1.2.2.1 机械合金化

机械合金化（mechanical alloying，MA）是一种非平衡态下的粉末固态合金化方法，它的制备原理是将各种粉末在高能球磨机中长时间球磨，经过磨球和粉末之间的碰撞作用，粉末粒子反复地被挤压，产生变形、破碎、细化、压聚，促使粉末间通过扩散和固态反应等一系列复杂的物理化学过程而形成合金粉末或复合材料[16]。目前，MA 技术已经被广泛地用来制备具有非平衡组织的材料，如非晶合金、过饱和固溶体、亚稳相、准晶以及纳米晶等[17~19]。近来，MA 技术被广泛地用来制备原位陶瓷颗粒增强金属基复合材料[20,21]。

近年来，机械合金化开始用来制备 Mg_2Si。Riffel 等人[8,22]利用镁带和硅片按照化学计量比在 Spex 8000 型振动球磨机制备出了 Mg_2Si 晶体。并利用 Mg_2Si、Mg 和 Si 的 XRD 衍射最强峰强度比定义了 Mg_2Si 合金化程度公式，绘制出 Mg_2Si 的合金化程度与球磨时间，球料比的函数关系图，同时，研究了三者之间的影响。Sugiyama 等人[23]用机械合金化的方法合成了 Mg_2Si 基热电复合材料。研究表明，在氩气的气氛下，当在行星式球磨机里研磨 1080ks 时，形成了 Mg_2Si 相，然而，当加入如 Fe、Si、N 或者 SiC 时，则生成 Mg_2Si 相的时间变短；此外，在氮气气氛下，Mg_2Si 颗粒最为细小。Frommeyrs 等人[24]对 Al 粉、Mg 粉和 Si 粉进行机械球磨，然后通过挤压固化而制备了 Mg_2Si-Al 超细晶合金，从而提高了其抗拉强度。Lu 等人[25]利用铝粉、镁粉和硅粉通过机械合金化工艺，采用烧结、挤压等工序制备了 Mg_2Si/Mg-Al 复合材料。Mg_2Si 颗粒表现为不规则形状，其晶粒尺寸随着球磨时间的增加而减小至 40nm。但是，经过挤压烧结之后，晶粒尺寸增大到 110nm。同时，随着增强相 Mg_2Si 含量由 5%增加到 15%，复合材料的抗拉强度也由 201MPa 增加到 245MPa，分析认为这与球磨过程中 Mg_2Si 的形成和挤压时的组织细化有着极大的关系；此外，这种复合材料的另一个特点就是伸长率在短时间球磨时有所提高，随着时间的延长反而下降，研究认为是在球磨过程中由于时间过长形成了脆性 MgO 的缘故。随后，日本学者 Muramatsu 等人[26]利用镁粉与硅粉采用机械合金化工艺合成了 Mg_2Si/Mg 复合材料，研究发现，材料的宏观硬度、抗拉强度随着硅含量的增加而增加，随着硅粉末尺寸的减小而增加。

利用机械合金化法制备 Mg_2Si 晶体或者复合材料的工艺过程简单易行，是一种制备纳米级或者超细晶的方法。但是，机械合金化法存在着明显的不足，粉末在球磨过程中易受到周围介质（磨球、磨罐）的污染，如 Fe、Cr、O 等，尤其是高活性合金，易生成少量含铁化合物。此外，该方法制得的粉体材料经过烧结热压或挤压等技术才能最终成型，使得成本很难降低。

1.2.2.2 自蔓延高温合成技术

自蔓延高温合成技术（self-propagating high-temperature synthesis，SHS），是由苏联科学院物理化学研究所的科学家 Merzhanov 和 Borovimskaya 等人于 1967 年在研究 $Ti+2B \longrightarrow TiB_2$ 化学反应时提出的[27~29]。其原理是利用外部提供的能量诱发，使高放热反应体系的局部发生化学反应，形成反应前沿燃烧波；此后临近的物料在自身放出热量的支持下不断发生化学反应，从而使其继续向前进行，形成一个以一定速度蔓延的燃烧波。随着燃烧波的推进，原始混合物料转化为化学反应产物。待燃烧波蔓延至整个样品时即合成了所需的材料。在此合成方法提出不久，美国、德国以及日本等国家相继开始了自蔓延反应合成的研究。如今，自蔓延高温合成技术已经成为制备原位复合材料的一种重要的方法。在自蔓延合成反应过程中，若要使得 SHS 能够自我维持，则必须满足如下条件[30~32]：（1）反应必须是高放热反应，利用反应释放的热量将试样未反应的部分进行预热，从而有利于维持燃烧波向前推进；（2）反应物之一必须是液相或气相，从而有利于反应物在燃烧波前沿的扩散；（3）反应体系的放热速度必须大于热量向环境的散失速度，否则 SHS 反应将会熄灭。

2004 年，以色列学者 Horvitz 等人[33]利用燃烧合成法制备了 Mg_2Si。实验用原子比为 2∶1 的镁粉与硅粉进行均匀混合，然后压成紧实率为 99%的预制块，加热到 355℃热爆反应开始发生，XRD 结果显示经过燃烧合成反应后其产物主要是 Mg_2Si，其中还有少量的 MgO，并且借助热分析手段测得了反应的激活能。兰州理工大学臧树俊[15]采用燃烧合成的方法制备了 Al-Mg_2Si 复合材料。实验以镁粉、硅粉和铝粉为原材料，按照 Mg 与 Si 2∶1 的原子比进行配比，然后将 Al 和（Mg+Si）配成 10%~90%的混合粉末，经混料后冷压成预制块，通过燃烧合成反应制得复合材料。同时，研究了紧实率、粉末粒度、铝粉的百分含量以及预热速率对材料组织的影响，并通过优化工艺参数制备了高致密度的 Al-Mg_2Si 复合材料。

燃烧合成法有着许多优点，但是它存在着不足之处：由于是通过粉末合成，所以需要混料、制坯等繁杂的准备工作，导致其制备工艺复杂；而且其是在高温反应下合成的，使得材料内部产生大量气孔，这往往引起体积膨胀，必须要经过二次加工，如挤压等工艺使其致密化，导致生产成本的提高。此外，采用燃烧合成法制备的复合材料其增强体的体积分数通常难以精确控制，还有可能存在着反应不彻底的弊病。

1.2.2.3 沉积法

化学气相沉积（chemical vapor deposition，CVD）是利用气态的物质在气相或气固相界面反应生成固相态沉积物的技术。这个名称是在 20 世纪 60 年代由美国学者 John 等人首先提出的[34]。根据沉积过程中主要依靠的是物理过程还是化学过程，沉积法又划分为物理气相沉积（physical vapor deposition，PVD）和化学气相沉积两大类。采用化学沉积或物理沉积的方法控制组织的变化，常常是通过改变控制气相组分的流量、流速来实现成分的梯度化，这在制备薄膜梯度材料时有很大的优越性[35]。但由于 CVD 沉积过程需要控制原料气体的浓度、流速、气体之间的比例、系统压力、沉积温度及沉淀时间等工艺参数，因此技术复杂。

类似的，沉积法通常是制备 Mg_2Si 涂层或者膜的一种方法，使其应用于半导体工业方面。例如，近来，日本学者 Tatsuoka 等人[36]用单晶 Si（111）和多晶

FeSi 作为衬底，通过 Mg 蒸气使 Mg 原子沉积于衬底上，根据互扩散原理，在 500℃条件下，使得 Mg 原子与 Si 原子反应形成 Mg_2Si，但是，由于 Mg_2Si 的膨胀系数（$14.8\times10^{-6}K^{-1}$）与 Si 膨胀系数（$(4\sim4.46)\times10^{-6}K^{-1}$）之间的差异，导致 Mg_2Si/Si 的样品上出现裂纹。美国学者 Song 等人[37] 利用脉冲激光沉积工艺（pulsed laser deposition，PLD）制得了 Mg_2Si 非晶和纳米薄膜电极。通过时间来控制膜的厚度，当作用时间为 10min 时，形成了厚度为 30nm 非晶膜；当作用时间为 60min 时，则形成了厚度为 380nm 的纳米非晶膜。此外，Brause[38] 和 Vantomme[39] 等人利用沉积方法制备的 Mg_2Si 膜已应用于半导体行业。

沉积法是制备涂层的有效途径，目前对于采用沉积法制备 Al-Mg_2Si 复合材料还未见相关的报道，此外，与其他工艺相比，沉积法制备涂层往往具有较高的成本，苛刻的工艺条件，同时需要控制原料气体的浓度、流速、气体之间的比例、系统压力、沉积温度及沉淀时间等工艺参数，不适合大规模的工业化生产应用。

1.2.2.4 熔铸法

熔铸法（melt cast technology，MCT）就是指在铸造熔炼过程中，在合金熔体内加入 Mg 与 Si，然后通过熔体内 Mg 与 Si 反应形成 Mg_2Si 相，随后通过重力铸造浇注成型。Mg_2Si 作为轻合金的增强相多采用熔炼铸造法得到。德国学者 Schmid [1] 等人在 1990 年利用纯铝、镁和硅为原料，采用感应熔炼的方法，在高纯氩气的保护下制备了 $(Mg_2Si)_{45}Al_{55}$ 合金。合金中的初生 Mg_2Si 相较为粗大，尺寸超过了 200mm，同时，所有的合金铸件中都含有气孔，尤其在铸件的中心部位。随后，Li 等人[9] 也在氩气的保护下通过三次感应熔炼制备出了 Mg_2Si 合金锭，温度控制在 (1105 ± 5)℃以下，并通过加入 Al、Ni、Co 等元素去控制 Mg_2Si 的形态，研究了显微组织的变化与力学性能。随后，中国科学院沈阳金属所张健[14] 在空气中以纯铝、镁、硅为原料在石墨坩埚电阻炉中采用普通铸造的方法制备了质量分数为 10%、15%、20%、25% 和 30% 的 Al-Mg_2Si 复合材料。

熔炼铸造法是制备 Al-Mg_2Si 复合材料的一种简单、可行的方法，非常适合工业上大规模的生产。但是常规的铸造方法制备的 Mg_2Si 枝晶粗大，如果工艺不当有可能出现气孔、夹杂，从而使得材料的力学性能下降。因此，采用熔铸法制备 Al-Mg_2Si 复合材料的组织控制以及气孔、夹杂的消除就需要进一步探讨。本书所研究的 Al-Mg_2Si 复合材料主要采用此种方法获得。

1.2.2.5 熔体旋转法

熔体旋转法（melt spinning process，MSP）又称单辊甩带激冷法是 20 世纪 70

年代中期出现的快速凝固旋铸技术。该方法是将熔融的合金液或者含有增强颗粒的熔体在惰性气体的压力下射向一高速旋转的，以高热导率材料制成的辊子外表面，液态熔体与辊面紧密接触，连续地凝固为一条薄带，在离心力的作用下飞离辊面。显然，辊面的线速度愈高，合金液喷射的流量愈小，则所获得合金条带就愈薄，冷却速度就愈高[28]。通过控制转辊的线速度，可以控制薄带的厚度，进而影响到组织特征。Mabuchi 等人[40]通过熔体旋转技术制备的 Mg/Mg_2Si 复合材料具有很高的室温强度，并发现在 773K 时呈现出了较高应变率的超塑性，组织中的 Mg_2Si 颗粒弥散分布，尺寸细小仅为 1mm。他们采用熔体旋转技术和挤压技术制备出了 Mg_2Si-（Mg-Si）合金[41]，其中 Mg_2Si 呈等轴状均匀分布，尺寸小于 1mm；显微组织观察未发现挤压裂纹和晶粒断裂迹象，取得了高达 500MPa 的室温强度，然而，在 473K 时，快速凝固合金的强度却出现了急剧下降的现象。

目前，熔体旋转法虽然能够显著地细化材料的组织，但是它也存在着局限性。由于受到工艺过程的限制，只能制备出薄带，或者借助于后续的热压过程成型，使生产工艺变得更加复杂；另外，关于采用熔体旋转法制备 Al-Mg_2Si 复合材料的研究，还未见相关的报道，因而有待进一步的深入研究。

1.2.2.6 其他方法

Mg_2Si 单晶的制备通常采用熔体生长法。Morris 等人[11]采用区域重熔法制备了 Mg_2Si 单晶，实验采用高纯 Mg 粉和 Si 粉按照化学计量比 2∶1 配料混合后放入石墨坩埚内，在氩气的保护下熔化。通过温度的调整，使得温度梯度为 25℃/cm，冷却速度为 50℃/h。日本学者 Yoshinaga 等人[42]利用垂直布里奇曼方法也制备出了 Mg_2Si 单晶，实验所采用的坩埚是化学气相沉积热解石墨坩埚，目的是减少 Mg_2Si 在生长过程中与坩埚反应。Tamura[43]和 Akasaka[44]等人采用了垂直布里奇曼方法分别制备出了 Mg_2Si 大块晶体，并研究了它的生长特性。

日本学者 Kajikawa 等人[45~47]利用放电等离子烧结技术制备了掺杂 Sb 的 Mg_2Si 热电材料。但是由于设备昂贵，工艺要求精度高，该技术还不能进行广泛的生产应用。该技术的优点是等离子烧结工艺在短时间内就能完成，使得 Mg_2Si 没有充分的时间团聚、生长，从而能够获得晶粒比较细小的材料。此外，采用固相合成反应的方法也能够制备出 Mg_2Si 金属间化合物。姜洪义[48]将 Mg 和 Si 原料按照标准摩尔配比 2∶1 进行配料混合，然后在 10MPa 的压力下干法成型为圆柱体，然后，在氩气的保护下系统升温至 823K 进行固相反应，保温 8h 后，形成了 Mg_2Si 化合物。

上述方法都能够制备出 Mg_2Si 单晶或者 Mg_2Si 复合材料，但是这些方法也存在着局限性，大多数都工艺复杂，制备成本高昂，且主要用于功能材料的制备，不适于制备结构材料，也不能大规模地推广应用于现有的汽车工业领域。

1.2.3 熔铸法制备复合材料的组织控制方法及其机制

1.2.3.1 变质处理

复合材料变质主要是通过在制备或者熔炼过程中向复合材料中加入某种合金元素或者盐类化合物等作为变质剂，从而改变复合材料增强体的形态、分布、体积分数或者基体的组织特征。变质是改变合金材料组织的一种简单、有效的方法。变质剂一般有如下要求[49]：

(1) 能降低形核功；

(2) 能在合金内弥散分布，以使其能迅速与合金液中某一成分或杂质形成非金属氧化物或金属间化合物质点作为晶核；

(3) 密度与合金液接近；

(4) 熔点在合金液的变质处理温度和浇注温度之间，且变质处理后容易上浮结渣；

(5) 使用中不产生对人体和环境有害的气体等。

变质工艺主要有压入法、搅拌法和中间合金法等几种。

1990 年，德国学者首先研究了变质处理对 Mg_2Si 增强铝基复合材料显微组织的影响[1]。实验首先是在感应炉中氩气保护下制备了摩尔分数为 45% 和 55% 的 Al-Mg_2Si 复合材料，并通过红磷改变了初生 Mg_2Si 相的形貌与尺寸，加入红磷前，Mg_2Si 的尺寸超过 200mm，是一种粗大的树枝晶，然而，加入红磷后，Mg_2Si 转变为八面体，尺寸小于 15μm。经过 AEX 和 EDX 检测显示 $Mg_3(PO_4)_2$ 作为了异质核心而细化了增强相。同时发现，在高于 200℃ 时，材料的抗拉强度高于过共晶铝硅合金的强度，在室温条件下伸长率非常低。虽然红磷变质能够取得良好的效果，但是红磷在空气中非常容易氧化燃烧，因而需要气体的保护，这就增加了工艺的复杂性。

中国科学院沈阳金属研究所张健等人[5,14,50~54]对 Al-Mg_2Si 复合材料进行了一系列的变质研究工作。首先通过热力学软件计算并绘制了 Mg_2Si-Al 的伪二元相图[14]，根据相图，确定复合材料的凝固途径及路线。实验首先采用了 Na 盐变质，通过在熔炼过程中向熔体添加 Na 盐[54]，使得粗大的 Mg_2Si 被细化，由枝晶转变为细小的块状，同时，材料的抗拉强度略微升高。对于变质机理，研究者没有给出一个定性的原因，猜测是由于钠的吸附毒化作用使得 Mg_2Si 的形态发生变化。虽然钠盐取得了良好的变质效果，但是加入量过大（10%），必然会导致熔炼过程中产生大量的残渣。随后，研究者又采用富铈稀土来变质 Al-Mg_2Si 复合材料[53]，稀土同样起到了很好的变质效果，随着稀土含量的增加，Mg_2Si 颗粒的尺寸明显减小，但是 Mg_2Si 含量却没有发生明显的变化，由此，研究者推断稀土的变质机理是作为 Mg_2Si 结晶核心，从而使得 Mg_2Si 被细化。当含量超过 0.8%时，不再发生明显的变化。相同的作者又研究了 Si 含量[5]、Cu[14] 含量以及冷却速度[50] 对 Al-Mg_2Si 复合材料显微组织的影响（值得说明的是，虽然 Si、Cu 的加入，尤其冷却速度不能归入严格意义的变质，也与变质的概念不相符，但是变质剂的加入主要是影响材料的形核以及后续的晶体生长过程，而 Si，Cu 以及冷却速度也能够影响到材料的结晶及凝固过程，所以本书也将这些元素的加入以及冷却速度的影响归入了变质的类别之中）。研究结果显示，随着 Cu 含量的增加，首先是材料的共晶相发生变化，具有典型的汉字状的共晶相在尺寸和体积分数方面都有减小的趋势，当 Cu 含量达到 8%时，汉字状的共晶相消失，一些圆形或者块状的结构在基体中出现。初生 Mg_2Si 增强相随着 Cu 含量的变化也发生了变化，随着 Cu 的加入，增强相尺寸略微减小，但是随着 Cu 含量的继续增加，不再发生明显的变化。Si 含量也影响 Al-Mg_2Si 复合材料的组织特性。随着 Si 量的增加，Mg_2Si 增强相的尺寸变得更加细小，分布也更加均匀，然而当 Si 含量超过 8%，至 20%时，Mg_2Si 反而变得粗大。Al-Mg_2Si 复合材料的显微组织对冷却速度的反应与其他常规材料相比不尽相同。通常，随着冷却速度的增加，对于其他合金来说，显微组织变得更加细小。对于 Al-Mg_2Si 复合材料而言，随着冷却速度的增加，由最初的近等轴晶变为树枝晶，进而转变为由发达的相互交织成网状的枝晶结构[51]，也就是说冷却速度并不能使 Mg_2Si 增强相单纯地减小，而是在细小的同时，伴随着枝晶更加发达。

艾秀兰等人[55]研究了稀土（混合稀土）加入量对 Al-Mg_2Si 组织和性能的影响。结果表明，合金经过稀土变质后，初晶 Mg_2Si 相明显细化，当加入量为 0.8%时细化效果最佳，同时，抗拉强度由 225MPa 提高到 260MPa，而伸长率由 2.56%提高到 4.4%。从而，很好地验证了张健等人[53]的研究工作。相同的作者又研究了磷对 Al-Mg_2Si 复合材料的影响[56]，同 Eberhard 等人[1]研究结果类似，随着磷的加入，Mg_2Si 变成块状，尺寸减小。江西理工大学靖青秀[57]和刘政[58]等人分别研究了 Mg、Si 含量和 $CaCO_3$ 等合金元素对 Al-Mg_2Si 复合材料中 Mg_2Si 相的影响，结果发现这些合金元素含量的变化都能够改变初生 Mg_2Si 的形状与分布。

变质处理方法能够通过在制备过程中添加合金元素来改变复合材料的组织性能，是一种具有巨大发展潜力的材料改性工艺。但是，变质研究具有一定的局限性，通常情况下，它是通过改变复合材料的凝固行为来达到变质复合材料组织的目的，因此，变质过程主要是用于改变材料的基体，或者增强相是在凝固过程中反应形成的复合材料的组织，如 Al-Mg_2Si 复合材料，高硅铝合金等。

上述对 Al-Mg_2Si 复合材料的变质研究，虽然取得了较好的效果，但是仍然需要改进和探索，例如红磷，容易氧化，导致工艺变得复杂；稀土，有报道称稀土的变质效果不稳定；Cu 的加入，直接导致复合材料的密度增大，与轻量化的理论相悖。此外，对于上述元素变质机理的分析还不够深入。因此，对于 Al-Mg_2Si 复合材料的变质研究，包括变质剂的开发与选择、变质机理的揭示等方面还需要进一步的工作。

1.2.3.2 功能梯度材料

功能梯度材料是 1984 年日本科学家作为一种制备热障材料的方法首先提出的，从那时起，材料学家就试图利用功能梯度材料来发展热障材料[14]。功能梯度材料自从 20 世纪 60 年代开始，经历了如下发展过程，详见表 1-2[59]。自从 1993 年起，功能梯度材料就受到了越来越多的材料科学家的重视，近几年更是如此。Koizumi[60]、Markworth[61] 和 Ruys[62] 分别综述了功能梯度材料的研究概况、模型应用以及理想的制备方法等。

表 1-2 功能梯度材料发展历史过程

年份	发 展 状 况
1967	制备了完整的具有梯度孔洞的表层泡沫
1970	制备出具有梯度折射能力的光学纤维和透镜
1971	功能梯度材料的基础工作开始在麻省理工学院开展
1984	日本航空国家实验室提出了功能梯度材料的概念
1985	日本申请了有关功能梯度材料的第一个专利
1985	瑞士在功能梯度材料方面开展了首次研究工作
1986	在瑞典和德国分别出现了第一个功能梯度材料的专利
1987	日本启动了功能梯度材料的第一个国家研究计划
1990	日本举办了功能梯度材料第一届国际会议
1993	功能梯度材料第二届国际会议在日本召开
1995	德国研究联合会启动了功能梯度材料研究计划
1996	日本在化学和物理方面启动了功能梯度材料的研究计划
1997	40 多位德国科学家和全球上百个实验室从事功能梯度材料方面的研究

关于 Al-Mg_2Si 功能梯度材料也有相关的报道。Zhang 等人[52,63~64] 采用离心铸造的方法制备了 Al-Mg_2Si 的功能梯度材料。实验首先采用纯 Al、Mg、Si 熔炼成 Al-15Mg_2Si 复合材料，然后将合金液在 800℃ 浇注到转速不同的水冷铜模中。Mg_2Si 颗粒的分布如图 1-4 所示，在外层颗粒的分布随着转速的不同而有明显的差别，而在内层却不受转速的影响。颗粒的形貌与尺寸从外层向着中间层方向变化也非常大。与高速度相比，低转速条件下复合材料具有更好的梯度分布，但

是，铸造缺陷也相对较多；然而在高转速条件下，Mg_2Si 在外层分布较多，在中间部位突然减为零，进而再增加一直到内部。

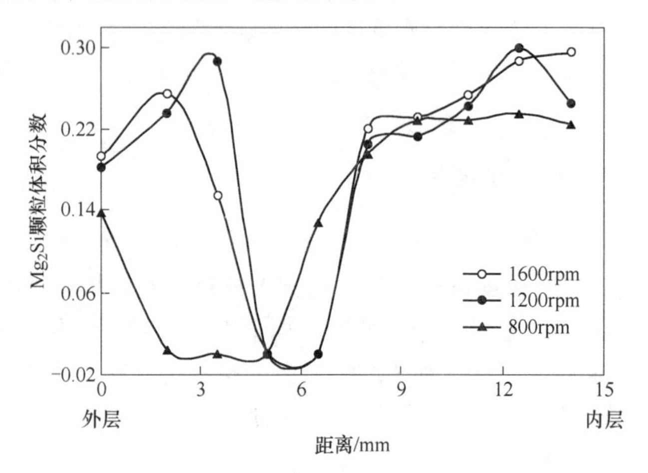

图 1-4　Al-15Mg_2Si 合金棒在石墨模内不同的转速条件下颗粒分布状况[52]

李克等人[65]采用电磁分离法制备了 Al-Mg_2Si 功能梯度材料。实验采用了工业纯铝，纯镁和结晶硅为原料，以 Na 盐为变质剂，合成 Al-15Mg_2Si 复合材料。然后将合金液浇注到电磁分离设备上，形成功能梯度材料。实验结果显示，外层是 2mm 厚的颗粒集中区，由于合金液中添加了变质剂，呈现为块状形貌，尺寸为 19μm 左右；中心区域几乎没有初生 Mg_2Si 颗粒，而是 Mg_2Si 与 Al 形成的二元共晶相；在中心区与偏聚区的过渡区域，Mg_2Si 颗粒数量与偏聚区相比有所减少，但是尺寸也变得较大，达到了 22μm。功能梯度材料不仅仅是组织的变化，同时，性能也相应地发生了变化，其维氏硬度变化如图 1-5 所示。

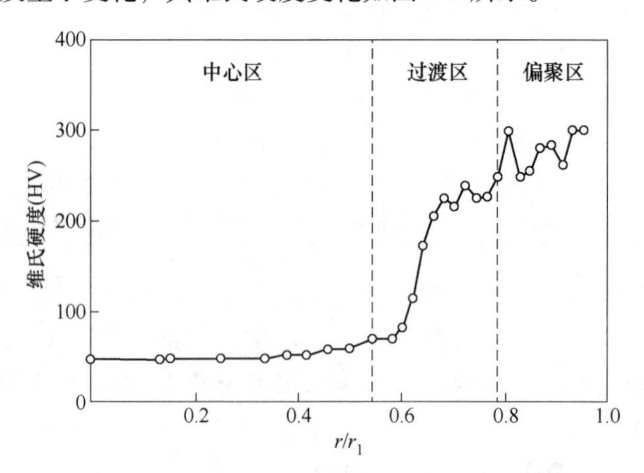

图 1-5　ϕ12mm Al-15Mg_2Si 自生梯度材料横断面的维氏硬度分布

相比较之下，Song[66~68]等人采用电磁分离技术分别制备了 Al-Mg_2Si 功能梯度材料，与李克[65]的研究结果相似，梯度材料形成了偏聚区、过渡区和中心区三个区域，近型壁处是偏聚区。但是不同的是，Song 的实验工作中，当没有加变质剂时，发现利用电磁分离技术很难制备出理想的功能梯度材料，由于 Mg_2Si 颗粒互相形成了粒子集团，而复合材料加入钛之后，阻止了 Mg_2Si 颗粒集团的形成，因而在电磁力的作用下，形成了较好的功能梯度材料。

目前，除了上述研究外，还未发现其他的有关 Al-Mg_2Si 功能梯度材料的研究报道。因此，对于 Al-Mg_2Si 复合材料，功能梯度材料的研究还是一个相对较新的领域，需要进一步的理论和实验工作；尤其增强相 Mg_2Si 是一种脆性相，如果能够将脆性的耐磨相与韧性的基体结合起来，必将加快此种复合材料的实用化进程。

1.2.3.3 熔体过热处理

对合金熔体进行热处理（过热处理）是基于改变合金的遗传性来考虑的。金属的遗传性是法国学者 Levi[69,70]首次提出的，主要是指在化学成分完全相同的情况下，铸铁的力学性能有很大的差异，而这种现象的出现，只能用铸铁的遗传性来解释。当时他提出这样一种假设，即原材料中粗大的片状石墨在某种条件下保留至铁液中，没有足够的时间充分溶解，长时间维持其凝固状态，最后仍以大的颗粒存在于已凝固的固体中。而细小的石墨虽易于溶解，但即使重复熔炼，仍以细小的颗粒存在。关于金属的遗传性，在 20 世纪 30~50 年代备受关注，其研究工作主要是针对黑色金属。20 世纪 60 年代，苏联学者开始了有色金属组织遗传性方面的研究[70]。改变合金熔体的遗传结构，消除合金的遗传性，有可能取得高质量的铸件。研究发现，铝中的遗传性当过热到 8~10℃时便会消失，铋中的遗传性当过热到 20~25℃时便消失，锡中的遗传性当过热到 10~15℃时便消失[70]。因此，过热温度升高或对熔体热处理则有可能消除合金的遗传性，改变合金的显微组织。有文献报道[71,72]，合金的形核过冷度随着过热度的增加而增大。形核过冷度的增加必将提高形核率，从而细化合金组织。熔体过热时发生的变化及对合金凝固过程的影响可用图 1-6 来表示[70]。

有关通过熔体的过热处理来改变合金的组织的研究，国内外学者进行了一系列的工作。殷凤仕等人[73]对 M963 合金的熔体进行了过热处理，研究发现随着过热温度的升高，铸态组织中的初生碳化物不断地减小，并且其分布变得更加均匀，与此同时，合金的高温持久断裂寿命也不断地增加，相应的塑性指标也在持续地提升。但是随着过热处理温度的升高，其弊端也逐渐显现出来，当过热处理温度增加至 2023K 时，合金中的吸气量也迅猛增加，使得显微组织变得疏松，导致了高温持久性下降。当过热处理温度为 1923K 时，合金的高温持久性和塑性同

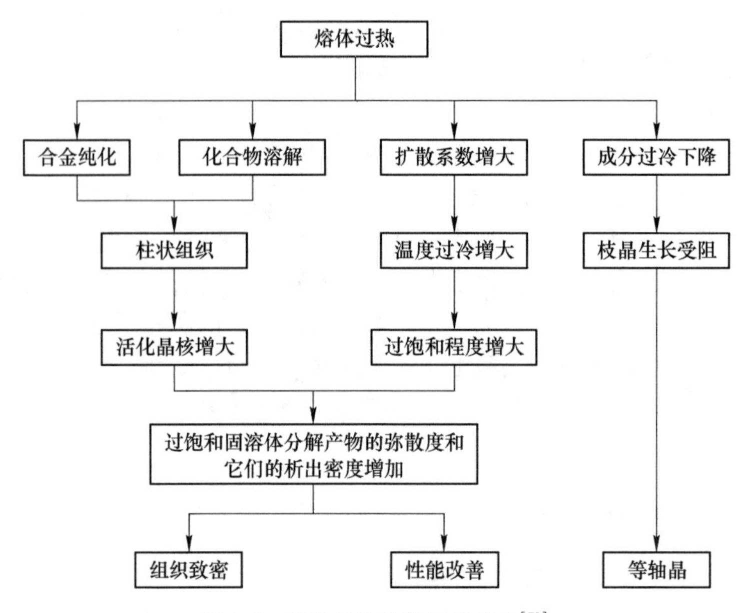

图 1-6　过热对熔体结晶的影响[70]

时提高一倍以上。张蓉等人[74]分别在 900℃和 1100℃下过热处理过共晶铝硅合金熔体，研究发现过热温度越高，初生硅颗粒变得越细小，分布越弥散，同时，随着过热处理温度的升高，初生硅对冷速的敏感性降低。司乃潮等人[75]分别在 750℃、850℃、950℃以及 1050℃下过热处理了 Al-Cu 合金熔体，研究表明，过热处理前，Al-Cu 合金中枝晶生长的择优方向为<100>晶向，随着熔体过热温度的升高，（100）面的衍射强度减弱，分析表明晶面曲向产生了分支，且经过熔体过热处理后，定向凝固的 Al-Cu 合金的强度和塑性都有所提高。

熔体过热处理对金属或合金的凝固组织和性能有着重要的影响，金属或合金经过过热处理组织变得更加均匀，冶金质量和综合力学性能得到不同程度的提高[76]，为改善材料性能提供了一种全新的思路和方法。但是，由于对熔体过热处理的本质、机理还缺乏统一的、深刻的认识，受到工艺条件的限制，迄今为止还没有形成一套较系统的熔体过热处理理论。此外，对于 Al-Mg_2Si 复合材料的过热处理研究，尚未见相关的报道，因此，还有待进一步的探索研究。

1.2.3.4　半固态加工技术

半固态加工技术典型的特点是能够获得均匀、细小的非枝晶组织。将半固态加工技术与复合材料制备工艺相结合，能够改变复合材料的组织特征，使得复合材料基体非枝晶化，增强体能够再分布，均匀化，是一种改变和控制复合材料组织特征较为有效的方法。

A 半固态及其加工技术研究进展

半固态金属（semisolid metal，即 SSM）成型作为一种新兴的成型技术，近年来有了飞速的发展。1971 年，麻省理工学院 Flemings 指导的博士研究生 Spencer[77]首先发现了金属的这种特殊的流变铸造行为。Spencer 的研究方向是钢在铸造过程中的热裂行为。他利用 Sn-15Pb 合金作为一个模型系统采用库艾特黏度计（couette viscometer）估算部分凝固合金的黏度。在实验中合金的枝晶结构由于受到不断的剪切，他发现当这些枝晶结构被碎化时，这些部分凝固的合金有着机油一样的流动性，表现出触变行为。Flemings 和他的研究组立刻意识到这个发现的重要性，经过深入研究和在工业上的验证，确定了这两条路线的可行性，也就是流变铸造和触变铸造。简言之，流变铸造就是在凝固过程中利用剪切产生非枝晶的半固态浆料，这些浆料直接被传送，浇注到模具里形成最终的产品；触变铸造是用来描述一个部分熔化非枝晶合金块在金属模具内的近终形技术，包括封闭模触变铸造和开放模触变铸造[78~80]。半固态成型技术的发展经历了实验阶段，应用阶段以及工程化阶段[81~83]。从 20 世纪 70 年代开始，实验研究阶段大致经历了 15 年的发展历程，这一阶段的研究主要集中在探索具有流变和触变特性的有色合金半固态的组织特征与制备方法；80 年代中期是半固态成型技术的应用研究迅猛发展的阶段，从早期的有色合金扩展到高熔点合金以及复合材料的半固态成型；90 年代中期，在继续深化半固态基础理论研究的同时，半固态成型技术步入了工程化应用阶段[84]。半固态浆料包括如下制备技术：

（1）电磁搅拌法（magnetohydrodynamic（MHD）stirring）[85]，该法是利用旋转电磁场在金属液中产生感应电流，金属液在洛仑兹力的作用下产生运动，从而达到对金属液搅拌的目的。

（2）机械搅拌法（batch method）是最早应用于制备半固态金属的方法，该方法是利用机械旋转的叶片或搅拌棒改变凝固中的金属初晶的生长和演化，获得球状或类球状的初生固相的半固态金属流变浆料，这些球状或类球状的初生固相均匀地悬浮在母液中[86]。

（3）应变诱发熔体激活法（strain-induced melt activation process）是由 Young 首先发明的[87]，其工艺过程是预先铸造出金属坯锭，经金属坯锭进行足够的塑性变形，产生应力集中，集聚一定形变能，然后加热到固液区之间，而后进行等温热处理。在加热过程中，合金首先发生回复、再结晶形成亚晶粒和亚晶界，随后晶界处低熔点相熔化，导致近球形固相被低熔点液相包围，形成半固态坯料。

（4）近液相线铸造（near liquidus casting）[88,89]是近来发展的一项通过控制凝固条件制备半固态坯料的工艺，工艺过程是在接近液相线温度附近将合金熔体浇注到模具内，晶粒的结晶从模具壁开始的。由于浇注温度接近液相线温度，所以可以获得与传统铸造枝晶不同的细小的、等轴的非枝晶晶粒。这种半固态制备方法工艺简单，不需要复杂与昂贵的设备，但仍有不足之处，就是合金液的半固态温度不易控制，若温度过高，则形成的组织达不到理想效果；温度过低，则会出现熔体流动性不好，使得难以铸造充型。

（5）粉末冶金法（powder metallurgy）[90]的原理是采用粉末冶金法制备出具有等轴晶粒组织的合金锭坯，然后将其加热到半固态温度区间，以获得具有球状固体悬浮于液相的半固态浆料。

（6）等温热处理法（lsothermal heat treatment）[91]是采用变质处理细晶法与特殊凝固或加热条件相组合，来制备半固态坯料的一种方法。它是在合金熔融状态时加入变质元素，进行常规铸造，而后重新加热到固液两相线区进行保温处理，或者直接将合金加热到固液两相线区进行保温处理，使固相变成团球状的半固态组织。此方法可以在半固态成型之前的二次加热中实现组织的非枝晶化，但是该方法不足之处是工艺参数难以控制。

（7）NRC 控冷技术（new-Rehocasting）[92]是日本开发的一种新的流变成型工艺，可以实现半固态浆料制备和成型的一体化，适用于各种轻金属合金，NRC 控冷技术是将熔融的金属控制在接近液相线温度以上 10~50℃范围内，倒入隔热容器中，由于容器的冷却作用，在熔融金属内部产生大量的初生相晶粒，通过隔热容器外部的高频感应加热器调整浆料的温度，以达到所要求的固相体积分数，并使初生相颗粒转化为球形，然后采用铸造或锻造的方法成型。

（8）冷斜面法（cooling slope）是制备半固态浆料一种较简单的方法，它是金属液体通过坩埚倾倒在内部具有水冷装置的冷却斜板上，在金属液流动的过程中，发生剪切，枝晶碎化从而形成半固态坯料。冷斜面法装置的设备简单，占地面积小，可方便地安装在挤压、轧制等一些成型设备上，有利于大规模的工业化生产[93]。

B　复合材料半固态制备技术

由于半固态加工形成了非枝晶半固态浆料，打破了传统的枝晶凝固模式，所以半固态组织与过热的液态金属相比，含有一定体积比率的球状初生固相；与固态金属相比，又含有一定比率的液相。因此，半固态金属成型在获得均匀组织、细晶组织、提高性能以及缩短加工工序、节约能源等方面具有独特的优势。半固态加工技术与复合材料相结合，能够改变复合材料的组织形态，从而制备出具有非枝晶特性的复合材料基体组织；同时，使得增强相重新分布，消除原始复合材料增强相的团聚现象，获得一个更加均匀的组织特征。此外，对于复合材料而言，虽然增强颗粒的引入（外加和内生）使得材料的耐磨损性能等一系列的性能在一定程度上有所提高，但是，由于受到增强相的分布、尺寸、体积分数以及对基体组织凝固过程的影响，可能使得其他一些性能，如抗拉强度或塑性等有所降低，因此，复合材料与半固态加工技术的结合，则有可能提高材料的整体性能。

1976年，Flemings[81,94~95]等人在发明了半固态技术之后，又首先将半固态加工工艺应用于制备金属基复合材料，同时他们发现半固态浆料的高黏度有助于增强颗粒与基体金属的浸润和结合，并且可以防止增强相颗粒沉淀和漂浮，从而有效地减少了增强颗粒的宏观偏析。初期，半固态金属基复合材料大多是采用搅拌法制备的，但是机械搅拌法有着固有的缺点，常常将一些外界的杂质引入或者引起氧化[95]。针对此种弊端，Kiler等又提出了一种复合材料剪切细化工艺[96]，即将增强相颗粒预制体置于真空中加热至液相线温度以上，放入基体合金熔体中进行压力浸渗，然后在带有防护罩的系统中进行机械搅拌以防止带入材料中的气体，一段时间的搅拌使增强相颗粒分布均匀，材料也达到了较理想的固液化，最后充模成型[95]。近年来，半固态复合材料多是与挤压铸造相结合，祖丽君等[97]采用粉末半固态挤压工艺制备了SiC-Al复合材料棒材，所得的复合材料，SiC颗粒分布均匀，基体组织致密，界面结合良好，测试结果表明，力学性能与基体合金相比有较大提高，复合材料的塑性也相对较高。

半固态加工能够有效地控制金属基复合材料组织，进而影响其力学性能。但是，关于Al-Mg_2Si复合材料的半固态研究尚未见相关的报道。若将半固态加工技术与Al-Mg_2Si复合材料的制备相结合，则可能制备出较软的球状α-Al基体与较硬的Mg_2Si颗粒组成的复合材料，必将有效地改变Al-Mg_2Si复合材料的脆性问题，是实现复合材料强韧化的一种有效途径，开展此方面的研究，将具有重要的实际意义。

1.3 铝基复合材料的摩擦磨损性能及力学特性

1.3.1 铝基复合材料的摩擦磨损性能及机制

铝金属基复合材料（MMCs）的高耐磨性是其主要优点之一。早在20世纪60年代，当MMCs出现不久就开始了有关其摩擦学的研究和应用[98]。在相当长的时期内，关于这方面的研究进展缓慢，但是近年来，随着高科技工业及民用工业对新材料的需求，人们对MMCs予以了更多的关注，这使得MMCs作为主要的耐磨部件在诸多的领域得到了应用，如丰田公司以氧化铝和氧化硅纤维增强的铝基复合材料替换了原有的铸铁或镍合金发动机活塞，使用性能好；除此之外，铝基复合材料还用于汽缸套、转动轴承、汽车刹车系统以及分油盖等关键部件[99,100]。因此，对于铝基复合材料的摩擦磨损行为进行深入广泛的研究有着重要的现实意义。然而，磨损工况（如磨粒磨损和摩擦磨损等）以及摩擦磨损过程中众多的影响因素（如载荷、滑动速度、环境温度、运动形式以及磨件种类等）相互作用，使得材料的磨损性能在许多时候缺乏可比性，此外，对于金属基复合材料本身而言，其结构复杂，更是增加了其摩擦磨损行为研究的难度[28,101]。因而，铝基复合材料的摩擦磨损行为及其相关的理论研究还需进一步深入。

颗粒增强铝基复合材料在干滑动磨损过程中主要受两种因素的影响[102]，其一是机械物理参数，也就是外在因素，如载荷、滑动速率、滑动距离（磨合阶段、稳定磨损阶段）、环境温度和表面状态以及对磨面等；其二是材料本身的特性，如增强体的形状、尺寸以及分布状态，基体组织特征和增强体的体积分数等。

载荷是材料摩擦磨损过程一个重要的参数，在实际的磨损过程中，绝对多数材料都存在着一个临界载荷，临界载荷以下为轻微磨损区，磨损主要通过氧化磨屑的脱落而产生；临界载荷以上为严重磨损区，磨屑尺寸增大、加厚，且多为金属磨屑，而且临界载荷的大小与材料本身的性能、配对摩擦副的性能、摩擦速度等有关[98]。Alpas 等人[103,104]在研究 SiC/Al 复合材料磨损行为时，将载荷对磨损率的影响分为三个区域。在第一个区域（0.9~15N）复合材料比基体材料的抗磨损性能增加 10 倍。他们认为这个现象是由于 SiC 颗粒具有承重能力的结果。微观断裂的氧化是主要的磨损机制。对于更高的载荷（15~98N），产生的压力远大于 SiC 颗粒的断裂强度，增强体失去了承受载荷的能力，因此，耐磨损性能与没有增强体的基体合金（A356）相当，这个实验现象与 Jokinen 等人[105]的实验结果一致。当载荷超过 98N 时，基体铝合金的磨损率增加了两个数量级，在这个载荷下，基体合金进入了剧烈磨损阶段，通过粘着磨损产生了层片状磨屑，而对于复合材料，磨损率变化不大，因为此时亚表层裂纹仍然是主要的磨损机制。

当载荷不变时，磨损行为也会受到滑动速度的影响。相同的滑动速度下，氧气中的磨损率要大于空气中的磨损率。与此同时，表面温度的变化也与滑动速度有关系，滑动速度是造成摩擦界面温度升高的一个原因。摩擦过程中，摩擦副表面局部微区所产生的热量，可使瞬时温度达到很高（闪温）。摩擦副表面温度的升高，会导致表面强烈的氧化、相变、硬化和软化，甚至表面微区熔化[98]。Wilson 和 Alpas[106]研究发现陶瓷颗粒和石墨的加入对 6061 和 A356 铝合金稳定磨损向剧烈磨损的转变温度有着明显的影响，未增强的 6061 和 A356 铝合金的转变温度分别为 175~190℃ 和 225~230℃。然而，当 6061 合金中加入体积分数为 20%的 Al_2O_3后，转变点增加到了 310~350℃，而 20%的 SiC 加入到 A356 合金后，转变点增加到了 440~450℃。20%SiC 和 10%石墨混杂增强的 A356 复合材料转变点则增加到了 460℃。所以增强的合金都能够承受住热软化的影响，使磨损处于稳定磨损阶段。他们认为这主要归功于研磨碎化的增强颗粒形成了保护层。在混杂增强的复合材料中，石墨的引入阻止了对增强颗粒的研磨，从而进一步提高了转变点。Sato 等人[107]研究了基体合金以及 10%SiC，15%SiC，20%SiO_2和

30%SiO_2增强铝基复合材料磨损速率与磨损率的关系，发现随着滑动速率的增加，磨损速率也在增大，相反，15%Al_2O_3，15%TiC 以及 10%Si_3N_4增强复合材料磨损速率没有受到滑动速率的影响。Wang 等人[108]研究发现在速率低于 1.2m/s 时，SiC 增强铝基复合材料没有提高磨损性能，其机制是微观断裂。当速率在 1.2~3.6m/s 时，磨损机制变成了粘着磨损，而且在这个速率范围内，SiC 提高了耐磨性能。此外，滑动距离对复合材料的磨损也有着巨大的影响，随着距离的增加，磨损分为磨合阶段、稳定磨损阶段以及剧烈磨损阶段。

增强体的类型、尺寸以及形状作为复合材料的基本因素也影响着材料的磨损行为。复合材料包含硬度较高的 SiC、TiC、Al_2O_3等陶瓷颗粒时，耐磨性能与基体材料相比提高 4~10 倍[102,107]，相比较而言，MgO、BN 等硬度相对较低的增强颗粒能够使材料的磨损性能提高 4~5 倍。对于增强体尺寸的影响，没有发现明显的规律。Hosking 等人[109]研究发现在低载荷的条件下，随着增强体尺寸的增大，耐磨损性能增加。Jokinen 等[105]研究发现在高载荷（39.2N）的条件下，随着 SiC 颗粒尺寸的增加，耐磨性能略微增加，而在低载荷（10N）的条件下，当 SiC 颗粒尺寸从 5μm 增加到 13μm 时，耐磨性能有着明显的增加，而从 13μm 增加到 29μm 时，耐磨性能增加变得缓慢。颗粒尺寸对磨损性能的影响主要还与载荷、滑动速度有关联。实际上，滑动速率，包括温度的上升以及载荷都能够改变磨损机理，而颗粒在这起着截然不同的作用[102]。由于增强体与基体塑性变形能力的差异，使得在磨损过程中大的应力变形、孔穴以及裂纹通常在增强体与基体界面处产生，因而，增强体的形状就能够影响材料磨损性能，同时，增强体形状的影响同样受滑动速率的限制[108]。

总之，颗粒增强铝基复合材料受到颗粒种类、形状、分布、体积分数及载荷、滑动速度、距离等众多因素的影响。这些因素相互交织，共同影响着材料的磨损性能。研究颗粒增强铝基复合材料具有重要的意义，而目前针对 SiC 或者 Al_2O_3等复合材料磨损行为及机制开展的研究较多，对于其他增强相，如 Mg_2Si 等原位产生的硬度相对适中的增强体磨损行为的研究却较少，因此，对于此类颗粒增强铝基复合材料的磨损行为及其机理还需要进一步的深入研究。

1.3.2 铝基复合材料的力学特性

力学特性是衡量复合材料特性的一个重要指标，尤其在工程应用中。复合材料的力学特性，除了受基体的化学成分和微观特性影响外，更重要的是增强相的影响。增强体分布的均匀性对于高性能的工程材料来说是一个至关重要的指标。均匀分布的增强体能够有效地提高材料的承受能力；相反，增强体分布的偏析降低复合材料的延展性、强度和韧性。相比较而言，内生复合材料的增强体分布比外加颗粒制备的复合材料更均匀。Westwood 等人[110]首次报道了原位金属基复合材料所具有的较好的力学性能，实验发现，XD 法制备的 TiB_2/Al 复合材料的模量比铝合金提高了 40%。类似的，Kuruvilla 等人[111]比较了 XD 法与外加方法制备的 TiB_2/Al 复合材料以及纯铝的抗拉性能，如表 1-3 所示。显而易见，因为复合材料的强度、模量以及硬度均高于外加方法制备的复合材料和纯铝，而且抗拉强度和屈服强度是基体材料的 4 倍，他们认为性能的提高主要归功于均匀分布的、细小的、高模量的 TiB_2颗粒与基体良好的嵌合。

表 1-3　内生和外加法制备的 TiB_2/Al 复合材料的拉伸性能[111]

材料	E/GPa	UTS/MPa	YS/MPa	伸长率/%	硬度（VHN）
纯铝	70	90	64	21	37
外加 TiB_2/Al 复合材料	96	166	121	16	85
内生 TiB_2/Al 复合材料	131	334	235	7	110

Yi 等人[112]研究了 TiB_2 增强 Al-Si 复合材料的高温力学性能，实验首先用 FAS 方法合成了 TiB_2/Al-Si 复合材料，测试结果显示在 25～400℃之间，复合材料的极限抗拉强度明显高于基体材料的强度，尤其在 205～260℃之间。他们认为复合材料性能的提高主要是由于位错和 TiB_2交互作用引起的。由于不同的热膨胀系数，使得 TiB_2周围产生了大量的位错，这种交互作用使得复合材料的性能提高。Tjong 等[113]研究了利用 PM 方法制备的 TiB_2/Al 复合材料力学性能，结果显示 TiB_2的加入导致材料的杨氏模量从 60MPa 增加到 107MPa，然而，拉伸塑性却出现了明显的下降。由此可见，不同的基体在加入增强颗粒后，力学性能会表现出不同的变化趋势。此外，Ma 等人[114]研究了（Al_2O_3+TiB_2）/Al 复合材料的力学性能，如表 1-4 所示，结果显示在 Al-TiO_2-B 系统中，随着硼含量的增加，Al_3Ti 相较少，从而生成了更多数量的 TiB_2，这就导致了复合材料性能的提高。

近年来，对于 SiC、TiB_2等增强铝基复合材料的力学性能研究得较多，而关于 Al-Mg_2Si 复合材料力学特性的研究却较少。提高 Al-Mg_2Si 复合材料的力学性能，研究其断裂机制，加速其实用化进程，必将具有深远的意义。

表 1-4　内生（Al_2O_3+TiB_2）/Al 复合材料拉伸性能[114]

材料成分（体积分数）	UTS/MPa	YS/MPa	伸长率/%
10. 5%Al_2O_3+23. 7%Al_3Ti/Al	145	110	5
10. 5%Al_2O_3+6. 3%TiB_2+7. 9%Al_3Ti/Al	311	271	5
10. 5%Al_2O_3+7. 9%TiB_2+4. 0%Al_3Ti/Al	328	301	5
10. 5%Al_2O_3+9. 5%TiB_2/Al	353	320	6
11. 0%Al_2O_3+9. 0%TiB_2/Al-3. 2%Cu	478	427	2
11. 4%Al_2O_3+8. 6%TiB_2/Al-6. 0%Cu	618	588	2

1.4 研究内容

本书以 Al-Mg_2Si 复合材料为研究对象，研究内容如下：

（1）研究 Al-Mg_2Si 复合材料的凝固过程，确定 Mg_2Si 晶体在铝熔体中不同凝固条件下的生长特性；研究合金元素磷（P）、锶（Sr）、稀土铈（Ce）以及熔体过热处理工艺对 Al-Mg_2Si 复合材料组织的影响与控制作用，并研究相关的作用机制与规律。

（2）将复合材料与半固态加工技术相结合，控制材料的组织特征，研究半固态 Al-Mg_2Si 复合材料制备工艺；探讨采用应变诱发法、冷斜面技术和等温热处理法制备出初生 Mg_2Si 增强相与 α-Al 基体双重球化的半固态组织的作用及球化机制；研究球化过程中的动力、热力学及相关的科学问题。

（3）研究 Al-Mg_2Si 梯度复合材料制备过程及相关的理论问题；研究电弧重熔及单向重熔过程制备 Al-Mg_2Si 梯度与多层梯度材料过程中的组织演变规律，温度场分布特征及材料的显微硬度变化特点。

（4）研究热处理条件下 Al-Mg_2Si 复合材料硬度变化规律以及变质前后材料的力学特性；研究 Al-Mg_2Si 复合材料在干滑动摩擦磨损过程中材料的磨损失效机制。

（5）借助于搅拌摩擦焊接技术，探索 Al-Mg_2Si 复合材料在搅拌摩擦焊接过程中组织与性能的变化。

2 实验材料及方法

2.1 实验原材料

本实验中所研究的 Al-Mg_2Si 复合材料的主要成分是 Al-Mg-Si-Cu，其中 Mg 含量（质量分数）为 8%～15%，Si 含量为 13%～20%，Cu 含量为 4%，制备 Al-Mg_2Si 复合材料的主要原料是工业铝硅中间合金、纯镁和纯铜。各种合金的化学成分见表 2-1。复合材料的组织控制与变质所需的各种变质剂的化学组成见表 2-2。

表 2-1 实验用合金锭化学成分（质量分数） （%）

合金锭	Si	Mn	Cr	Fe	Zn	Ni	Cu	Al	Mg
Al-13Si	12.6	0.162	0.021	0.92	0.004	0.001	—	Bal.	—
Al-20Si	20.1	0.231	0.039	0.79	0.012	0.001	—	Bal.	—
纯铝	—	0.002	0.003	<0.001	—	<0.001	—	Bal.	—
纯镁	0.006	0.001	0.002	0.001	0.007	0.001	0.002	0.002	Bal.
纯铜	—	—	—	0.001	0.002	<0.001	Bal.	—	—

表 2-2 实验用原材料

实验材料	纯度（质量分数）/%	生产厂家
磷铜中间合金	8～14	一汽铸造有限公司
铝锶中间合金	10	一汽铸造有限公司
铝稀土中间合金	20	自制
六氯乙烷	≥99.0	北京北方试剂熔炼厂
无水乙醇	≥99.7	北京化工厂
工业结晶硅	≥99.5	一汽铸造有限公司

2.2 原位 Al-Mg_2Si 复合材料制备及变质工艺

由于在熔炼过程中镁极易氧化烧损，同时为了降低铝合金的氧化，本研究采用了现有的工业 Al-Si 中间合金为原材料，在熔炼的过程中，低温条件下将纯铜和纯镁先后加入铝硅合金熔体中，凝固后制成复合材料。具体的工艺如下：在大气中，将 Al-Si 中间合金放入石墨坩埚，在电阻炉中加热至合金全部熔化，然后将纯铜加入到熔体中，保温并轻微搅拌至熔体均匀后，降温至 680~700℃左右，把纯镁以铝箔包裹压入熔体中，待镁全部熔化后，精炼去气除渣，然后加入相应的变质剂，保温 10~30min 后浇注成型，制得复合材料。

2.3 萃取实验

为了更加清楚地了解 Mg_2Si 颗粒的立体形貌，本研究采用萃取的方法获得了 Mg_2Si 颗粒。实验采用 25%的 NaOH 水溶液为萃取液，首先将 Al-Mg_2Si 复合材料表面的氧化膜去除，然后将复合材料样品破碎至块状，置于萃取液中进行长时间的浸泡腐蚀，并不断地调整萃取液的浓度使其保持在 25%左右。当溶液中的块状样品全部消失后，通过滤纸对混合溶液进行过滤，将初生 Mg_2Si 颗粒分离出来，最后将分离出来的 Mg_2Si 颗粒利用无水乙醇进行反复的清洗，自然风干后，即可获得 Mg_2Si 颗粒。

2.4 单辊甩带激冷实验

单辊甩带实验主要是将熔融的合金液在惰性气体的压力下，射向一高速旋转的以高热导率材料——纯铜制成的辊子外表面，液态熔体与辊面紧密接触，连续地凝固成一条薄带，在离心力的作用下飞离辊面。辊面的线速度愈高，合金液喷射的流量愈小，则所获得合金条带就愈薄，冷却速度就愈高。本研究采用单辊甩带实验的主要目的就是研究在快速凝固的条件下，Al-Mg_2Si 复合材料的凝固行为及初生 Mg_2Si 晶体在快速凝固条件下的生长特性。实验中将 Al-Mg_2Si 复合材料置于高纯石英玻璃管中，在氩气的保护下，采用感应熔炼的方式进行熔化，熔化后，在氩气的压力下，使得玻璃管内的金属熔体通过小孔射向一线速度为 30m/s 的铜辊上，设备图如图 2-1 所示，熔体与铜辊接触后迅速凝固形成厚度为 40μm 的金属薄带。

2.5 Al-Mg_2Si 梯度材料的制备

本书中功能梯度材料的制备主要是采用电弧重熔技术和单向重熔淬火技术两种工艺方法。

2.5.1 电弧重熔实验

电弧重熔实验是在电弧炉中进行的，电弧炉底部是采用了强制水冷的铜坩埚，各个部位的凝固速度不同，进而会影响不同位置的成分，显微组织及力学性能。其设备外观如图 2-2 所示，原理示意图如图 2-3 所示，将尺寸为 40mm×32mm×12mm 的复合材料样品置入水冷铜模坩埚的底部，密封后，在氩气的保护下开启电弧进行熔炼，待样品全部熔化后熄火，凝固后即可成为功能梯度材料。

图 2-1 单辊甩带设备图

图 2-2 电弧熔炼及定性重熔设备外观图

2.5.2 单向重熔淬火实验

单向重熔实验主要是在定向凝固设备中进行的，由于设备内部由上至下温度逐渐降低，因而形成了不同的温度区域。在不同的温度下重熔和凝固，材料将会产生一个由下至上梯度分布的显微组织与力学性能。定性凝固设备示意图如图2-4所示。首先配料熔化，将合金熔体注入 ϕ6 的铜模中，形成复合材料棒。然后把试样棒加工成尺寸为 ϕ4.5×80mm 的圆棒。试样棒放入 ϕ5 的石墨坩埚内，放置位置如图 2-4 所示，通入氩气，升温至 790℃，保温 15min 后，以 2mm/s 的速率向下拉动整个石墨坩埚，使得坩埚的下半部分进入镓铟合金液内，淬火试样，冷却至室温后，形成 Al-Mg_2Si 功能梯度材料，长度缩减为 60mm。

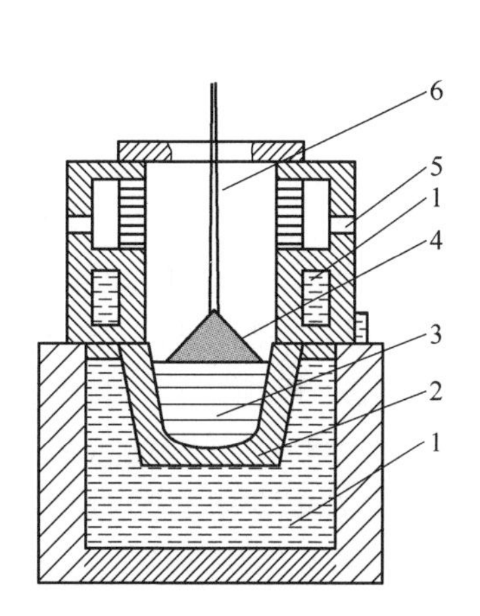

图 2-3 电弧重熔设备示意图

1—循环冷却水；2—铜模；3—样品；
4—电弧光；5—进气孔；6—电极

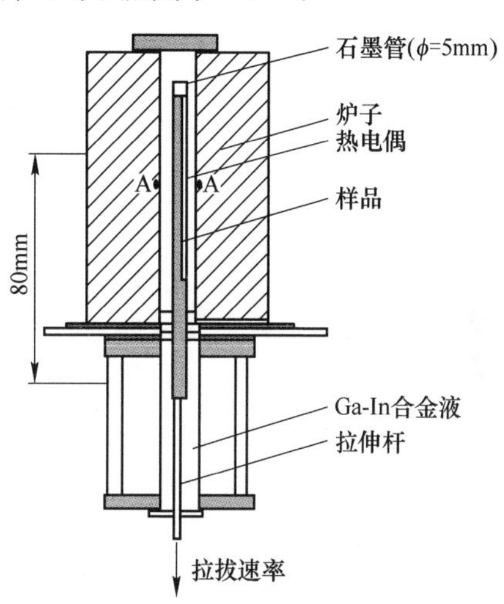

图 2-4 单向金属重熔设备示意图

2.6 半固态 Al-Mg_2Si 复合材料制备实验

本实验采用等温热处理、应变诱发法以及冷斜面技术三种方法制备半固态 Al-Mg_2Si 复合材料。

2.6.1 等温热处理法

等温热处理法是在合金熔融状态时进行常规铸造，而后重新加热到固液两相线区进行保温处理，或者直接将合金加热到固液两相线区进行保温处理，使固相变成团球状而形成半固态组织。实验将 Al-Mg_2Si 复合材料锭预先加工成尺寸为 30mm×10mm×25mm 的块状样品，然后将样品放入箱式电阻炉中，在不同的温度下保温 140min 后水淬，形成半固态 Al-Mg_2Si 复合材料。

2.6.2 应变诱发法

应变诱发法是将预先铸造出的金属坯锭，进行足够的塑性变形，产生应力集中，集聚一定形变能，然后加热到固液两相区之间，进行等温热处理。实验首先将 Al-Mg_2Si 复合材料锭预先加工成尺寸为 10mm×10mm×12mm 的块状，然后在 200t 液压机上采用 25MPa 的压力，在 350℃条件下进行挤压，压缩前后的高度如表 2-3 所示；然后在 580℃条件下等温热处理后进行水淬。

表 2-3　不同压缩比的样品的原始高度和最终高度

压缩比/%	0	16.7	33.3
原始高度/mm	12.0	12.0	12.0
最终高度/mm	12.0	10.0	8.0

2.6.3　冷斜面技术

冷斜面技术是将金属液体通过坩埚倾倒在内部具有水冷装置的冷却斜板上，在金属液流动的过程中，发生剪切，枝晶碎化从而形成半固态坯料。本书中，冷斜面技术制备半固态 Al-Mg_2Si 复合材料的工艺过程如图 2-5 所示，是将熔化的铝合金熔体沿着一个纯铝板制作的冷斜面流入模具中，冷却后将 Al-Mg_2Si 复合材料锭加工成一系列 12mm×12mm×12mm 的正方体，然后放入 560℃的热处理炉中保温不同的时间后，进行水淬，获得 Al-Mg_2Si 复合材料半固态组织。

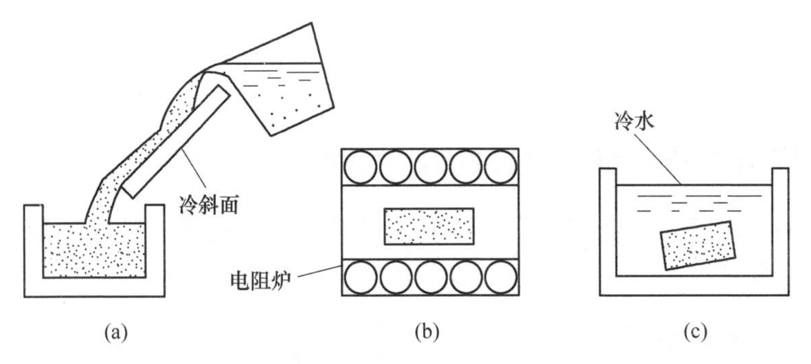

图 2-5　冷斜面法制备半固态复合材料示意图
(a) 浇注；(b) 部分重熔；(c) 淬火

2.7　T6 热处理实验

T6 热处理实验是在可控温的箱式电阻炉中进行，通过温度控制装置将电炉内恒温区的温度波动控制在±5℃之间。T6 热处理实验包括固溶与时效两部分，其中，经过探索固溶温度确定为（500±5）℃，时间为 10h；时效温度为 175℃，时间为 1~16h。

2.8 相组成及微观组织分析

2.8.1 X 射线衍射分析

X 射线衍射（X-ray diffraction，XRD）分析是在日本理学 X 射线衍射仪（D/Max 2500PC Rigaku，Japan）上进行的。首先将样品加工成块状或者制成粉状，然后选用 Cu 靶 K_α射线，射线管工作电压和电流分别为 50kV 和 300mA；扫描速度为 2deg/min，θ~2θ 扫描的角步长为 0.02°（2θ）。

2.8.2 扫描电镜和能谱分析

扫描电镜（scanning electron microscope，SEM）和能谱（energy dispersive spectrum，EDS）分析分别在日本扫描电镜 JSM-5310 和英国能谱 Link-ISIS 上进行。场发射扫描电镜分析（field emission scanning electron microscope，FESEM）在日本的 Model JSM-6700F 和荷兰的 EDAX XL30 ESEM 上进行。对于 Al-Mg_2Si 复合材料金相的观察，先用水砂纸细磨并用酒精作介质抛光，之后用酒精擦洗干净并吹干，在室温下用 3% HF（体积分数）水溶液腐蚀 5~10s，最后用酒精擦洗后进行观察。

2.9 性能测试

2.9.1 拉伸实验

拉伸实验是在美国 MTS 电子拉伸实验机上进行的，拉伸速度为 0.5mm/min，载荷为 1t。试样尺寸如图 2-6 所示。

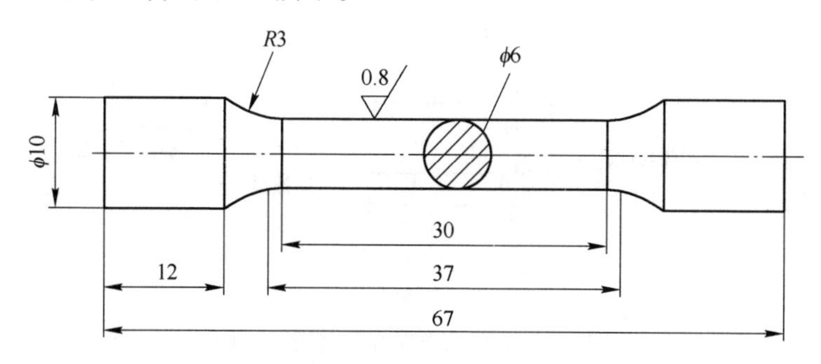

图 2-6 拉伸试样示意图

2.9.2 硬度测试

硬度实验在布氏硬度计 HB-3000B 型（莱州华银试验仪器有限公司，山东莱州市试验机总厂）上进行，测试载荷为 7350N，压头为 ϕ5mm 钢球，保压时间为

30s。将试样测试面经机械研磨抛光后再进行测试，每个试样的硬度值取六个以上测试点，去掉最大值和最小值，取算术平均值。

显微硬度测试在型号 1600-5122VD MICROMET 5104 图像分析系统（美国标乐公司）上进行，实验载荷为 10g，保压时间为 30s。试样经抛光以后，测试 10 个点取平均值。

2.9.3　干滑动磨损实验

干滑动磨损实验是在国产 MG-200 型摩擦磨损试验机上进行，工作原理如图 2-7 所示，其中销静止不动，对磨盘沿着图中箭头方向转动，转速和载荷可以连续变动。纯铝和 Al-Mg_2Si 复合材料尺寸为 $\phi11\times20$mm，试样表面粗糙度 $Ra=0.9\mu m$。对磨盘是采用大众轿车摩擦蹄内衬的半金属复合材料加工而成，其中轿车摩擦蹄的特征如图 2-8（a）所示，其内衬的半金属复合材料如图中箭头所示。将其加工成尺寸为 $\phi80\times10$mm 的盘，如图 2-8（b）所示，其成分组成和各组分的作用如表 2-4 所示。试样与对磨盘接触形式为面接触，试样与对磨盘的尺寸配合关系以及磨痕如图 2-9 所示。试样磨损前后均用酒精清洗两次，再用德国赛多利斯（Sartorius Genius ME215P）十万分之一电子天平称量试样的磨损失重，并用阿基米德法测量磨损试样的密度，计算公式如式（2-1）所示，最后将磨损失重转化为磨损体积，并用扫描电子显微镜观察和分析试样磨损表面组织形貌的变化特征，同时对磨屑的尺寸、形状、相组成及磨损机制进行研究。

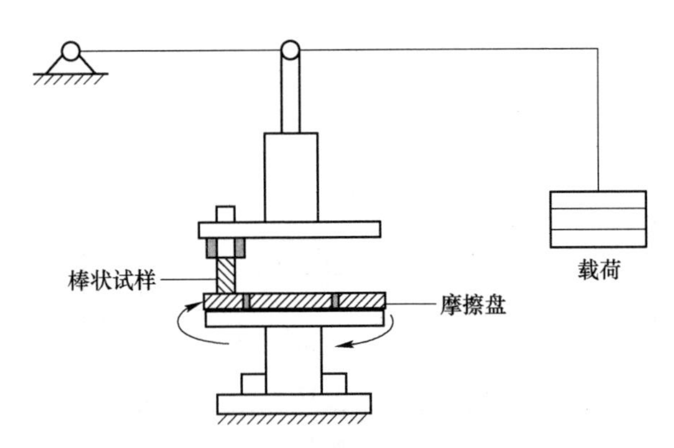

图 2-7　干滑动磨损实验装置示意图

$$\rho=\frac{m}{m-m_w} \tag{2-1}$$

式中　m——试样在空气中的质量；

m_w——试样在蒸馏水中的质量。

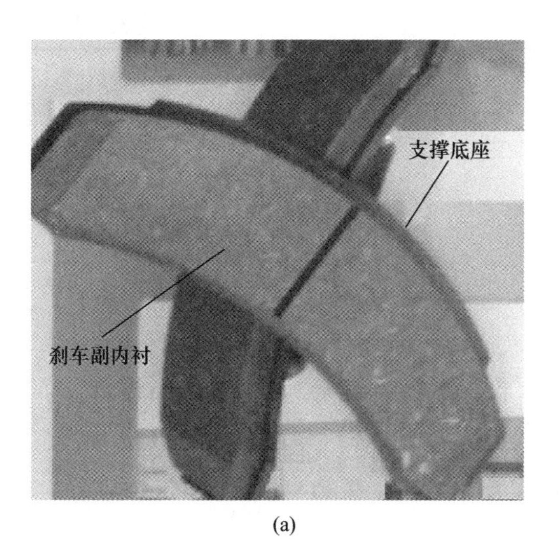

(a) (b)

图 2-8 轿车摩擦蹄（a）和由摩擦蹄内衬半金属复合材料加工而成的对磨盘（b）

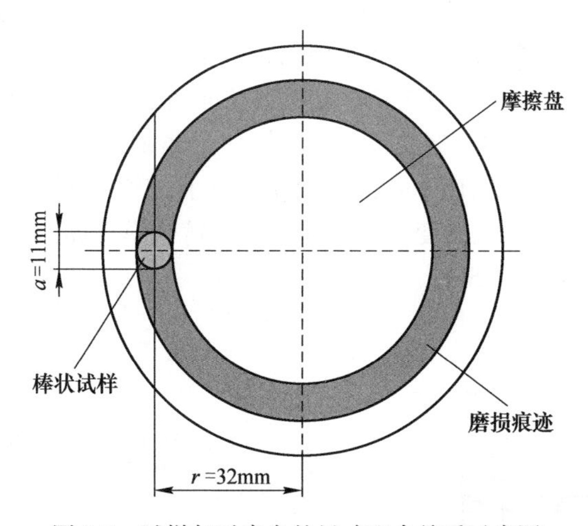

图 2-9 试样与对磨盘的尺寸配合关系示意图

表 2-4 半金属摩擦蹄内衬材料的成分组成

成分组成	成分	作用	质量分数/%
填充物	橡胶，蛭石，$BaSO_4$，$CaCO_3$，$Ca(OH)_2$，MgO 等.	高/低温减少磨损	6~10
金属粉末	Cu，Cu-Zn，Cu-Sn，Zn，Fe，Al 等	增加摩擦系数	10~20

续表 2-4

成分组成	成分	作用	质量分数/%
润滑剂	石墨，MoS_2，Sb_2S_3，Sn_2S_3，PbS，ZnS，闪石等．	润滑	6~8
纤维	玻璃纤维，碳纤维，陶瓷，铜纤维，铁纤维等	提高强度	15~28
树脂	酚醛树脂，环氧树脂，硅树脂，橡胶等	胶粘剂	17~25
其他	Al_2O_3，SiO_2，MgO，Fe_3O_4，Cr_2O_3，SiC，$ZrSiO_4$，Al_2SiO_5等．	调整摩擦系数和清理刹车盘表面	10~20

2.10 实验中的金属模具

实验中浇注成型过程中所采用的模具，除了极个别实验之外，采用的均是金属模具。其中测量材料凝固曲线所采用的模具如图 2-10[115] 所示，模具整体高度为 100mm，内径为 30mm，其中在距离底部 30mm 处留有一个放置热电偶的小孔。制备单向重熔实验所用的直径为 $\phi6$ 的棒材的金属铜模具如图 2-11[115] 所示，铜模的外径为 120mm，高为 150mm，在铜模内含有三个内径分别为 20mm、10mm 和 6mm 的腔体。对于其他的变质实验所采用的铸铁模具如图 2-12[115] 所示，腔体尺寸为 200mm×150mm×12mm。

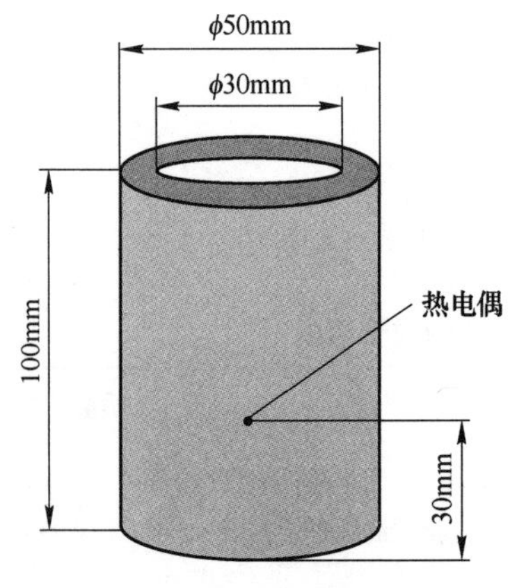

图 2-10 测量合金熔体凝固曲线时采用的金属铸铁模具[115]

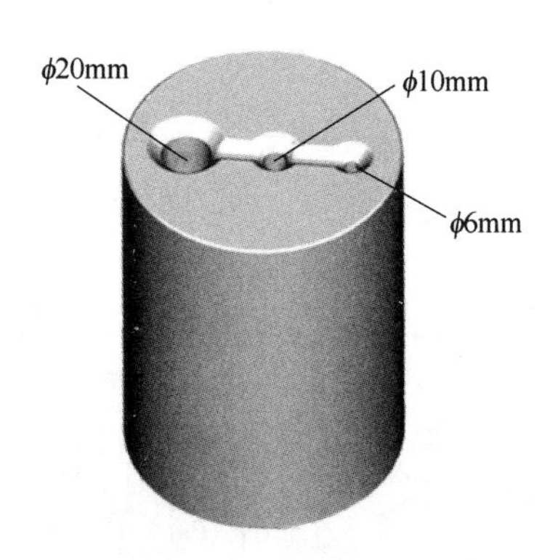

图 2-11 获得直径为 $\phi6$ 的 $Al\text{-}Mg_2Si$ 复合材料棒材所采用的金属铜模[115]

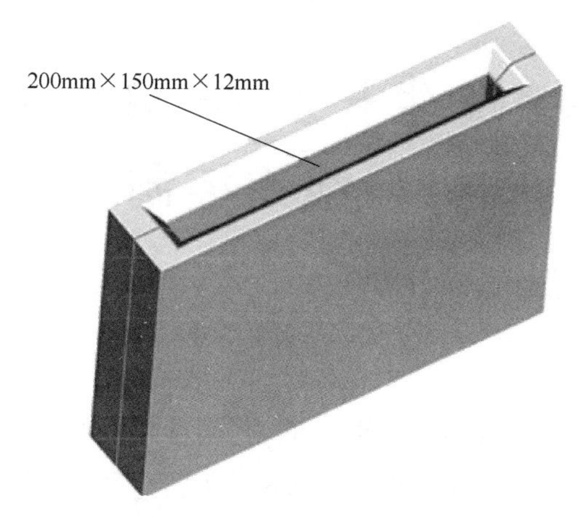

图 2-12 变质实验所采用的铸铁成型模具[115]

2.11 搅拌摩擦焊接实验

搅拌摩擦焊接实验采用国产摩擦焊机，采用高合金钢的搅拌头，具体的形状和尺寸见图 2-13。焊接过程中采用了 2.5°的焊接倾角，主轴转速采用 800r/min，行走速度为 80mm/min。

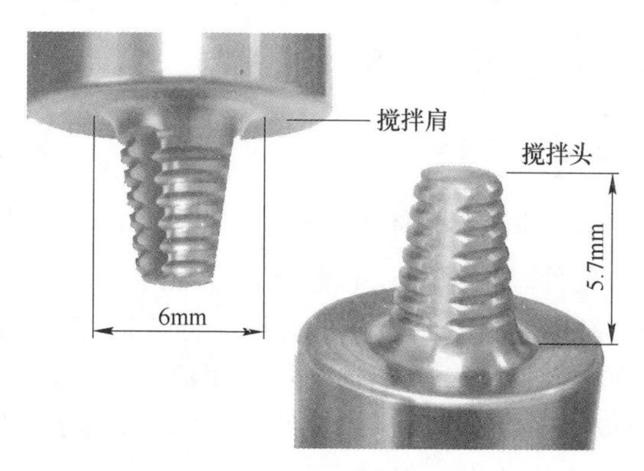

图 2-13 搅拌头的形状和尺寸

3 Mg_2Si 生长及 Al-Mg_2Si 复合材料组织控制

3.1 引言

Al-Mg_2Si 复合材料的众多优点使其可以成为重要的工程材料，尤其在汽车发动机缸套、制动盘方面的应用。但是，通过重力铸造方法获得的 Al-Mg_2Si 复合材料由于含有粗大的初生 Mg_2Si 枝晶而使得其力学性能较低。改善其组织结构，提高其力学性能就成了一个亟待解决的问题。因此，研究 Mg_2Si 在铝熔体中的结晶及生长机制，研究变质元素对 Mg_2Si 的结晶及生长的作用机理，从而简单有效地控制 Mg_2Si 晶体在 Al 中的形貌与特征，将具有深远的意义。

本章通过研究 Mg_2Si 结晶析出以及 Al-Mg_2Si 凝固路线，来研究快速凝固对 Mg_2Si 生长方式的影响机制，进而研究了磷（P）、锶（Sr）、稀土铈（Ce）以及熔体过热处理对 Al-Mg_2Si 显微组织的作用机理。

3.2 Al-Mg_2Si 凝固途径及 Mg_2Si 生长机制

3.2.1 Al-Mg_2Si 凝固途径

为了有效地控制 Mg_2Si 在铝熔体中的形貌，了解 Al-Mg_2Si 复合材料的凝固过程及途径是一个必要条件。根据 Mg-Si 及 Al-Si 二元平衡相图[116,117]，在 Al-Si 共晶温度，Si 在铝中溶解度为（1.5±0.1)%（原子分数)，随着温度降低到 300℃，溶解度则降低到 0.05%（原子分数)，Si 在 Mg 中溶解度最大值为 0.003%（原子分数)，且 Mg_2Si 是 Mg-Si 系统中唯一稳定的化合物。虽然 Mg 在铝中溶解度相对较大，但是在 Al-Si 合金熔体中，当 Mg 含量达到一定值时，Mg 和 Si 将发生反应形成 Mg_2Si。张健[14]研究结果显示，Al-Mg_2Si 的伪二元共晶点为 13.9%（质量分数)，即 Al-13.9Mg_2Si，共晶温度区间为 583~594℃，在此区间内，Mg_2Si 在铝中的溶解度为 1.91%（质量分数)。也就是说，当 Mg_2Si 的含量超过 13.9%（质量分数）时，在凝固过程中，首先析出初生 Mg_2Si 相，随后在共晶温度区间，发生如下伪共晶反应：

$$L \rightarrow L_1 + Mg_2Si_p \rightarrow (Mg_2Si + Al)_e + Mg_2Si_p \tag{3-1}$$

式中，下标 p 表示初生相，e 表示共晶相。若 Mg_2Si 含量低于 13.9%时，仅仅发生一次伪共晶反应，即：

$$L \rightarrow (Al+Mg_2Si)_e \tag{3-2}$$

调整合金成分，使得熔体中 Mg_2Si 含量为 20%（质量分数），同时将过剩 Si 的含量增大至 5%（质量分数），即凝固后，复合材料的成分为 Al-20Mg_2Si-5Si（本研究主要采用的合金成分）。根据（Al-20Mg_2Si)-Si 的伪二元相图（图 3-1[14]），可以推断出 Al-Mg_2Si 复合材料凝固途径将按照如下方式进行：

$$L \rightarrow L_1 + Mg_2Si_p \rightarrow L_2 + (Al+Mg_2Si)_e + Mg_2Si_p$$
$$\rightarrow (Al+Si+Mg_2Si)_e + (Al+Mg_2Si)_e + Mg_2Si_p \tag{3-3}$$

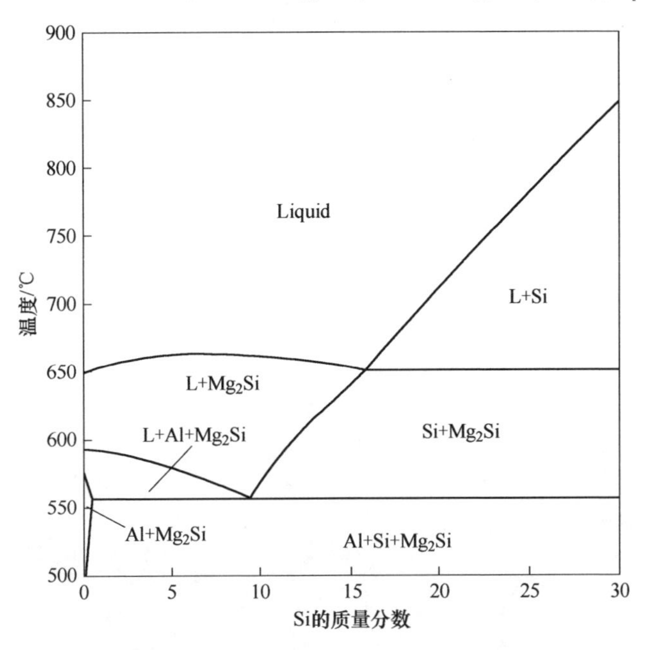

图 3-1 （Al-20Mg_2Si)-Si 伪二元相图

为了证实此过程以及凝固各个阶段相的析出，首先采用热电偶与采集软件对 Al-Mg_2Si 复合材料凝固曲线进行采集，结果如图 3-2 所示。曲线上出现了两个明显的拐点，分别在 695~702℃和 567~581℃范围内，根据伪二元相图（图 3-1），第一个温度区间为初生 Mg_2Si 的析出温度，而第二个温度区间则包括两个结晶过程，即 $(Al+Mg_2Si)_e$ 与 $(Al+Si+Mg_2Si)_e$ + $(Al+Mg_2Si)_e$ 共晶的形成，理论上此过程应该在冷却曲线上先后出现两个不同的拐点，但是由于采集软件分辨率的限制，所以未能完好地体现出来。因此，在 570℃和 540℃将合金熔体进行水淬实验。结果显示，在 570℃时，初生 Mg_2Si 与 $(Al+Mg_2Si)_e$ 共晶已经形成，此外，组织内还有大量共晶原子团存在，如图 3-3（a）所示。而 540℃水淬实验结果显示图 3-3（b）中的共晶原子团已经转变为 $(Al+Si+Mg_2Si)_e$ 和 $(Al+Mg_2Si)_e$ 共晶，此外还存在着（Al+Si）共晶，图 3-3（b）放大图如图 3-3（c）所示。冷却曲线

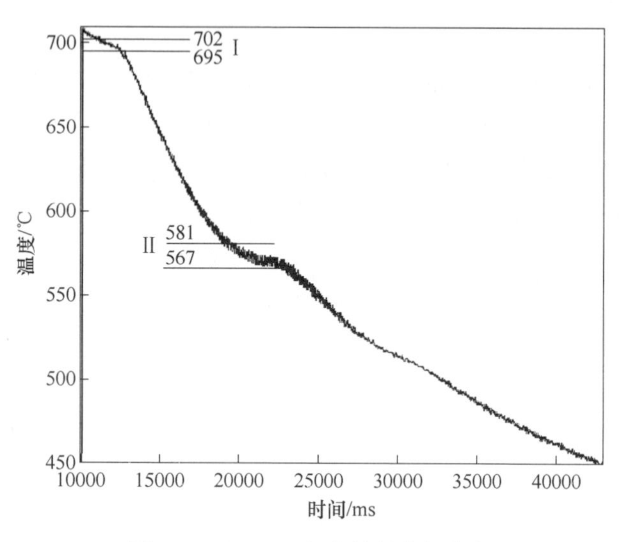

图 3-2　Al-Mg_2Si 复合材料冷却曲线

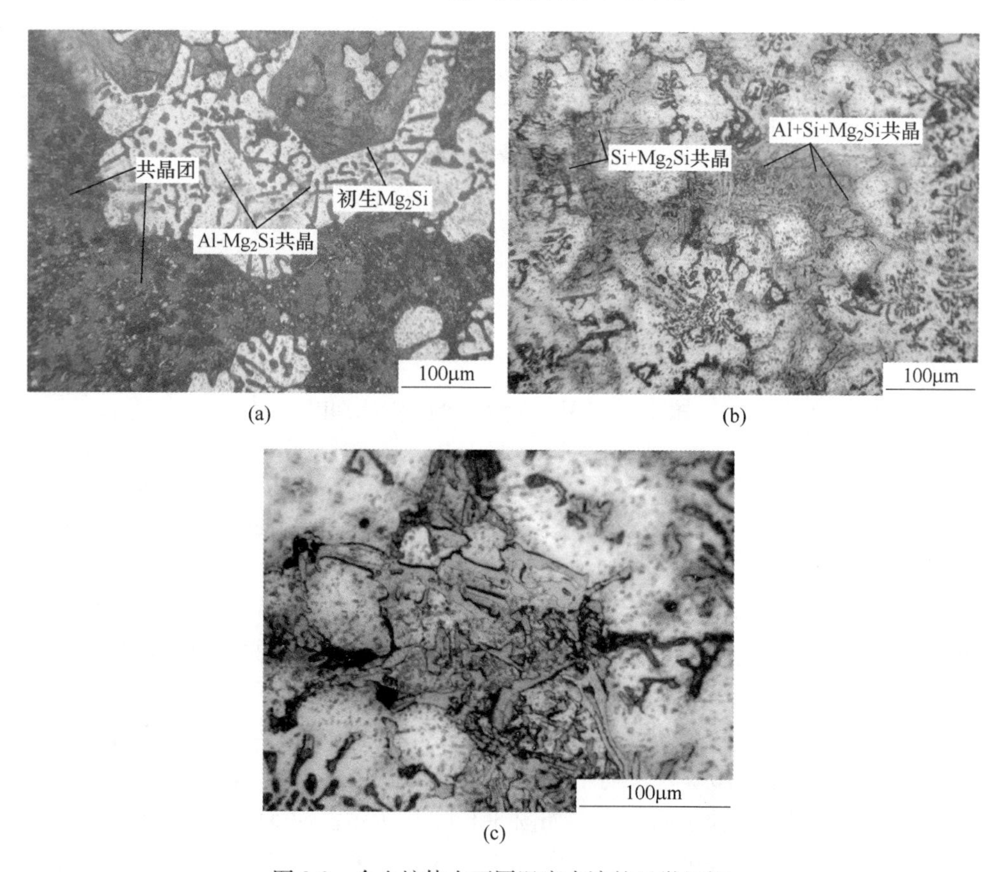

图 3-3　合金熔体在不同温度水淬的显微组织

（a）570℃；（b）540℃；（c）图（b）的放大图

与水淬实验结果显示 Al-Mg_2Si 复合材料的凝固过程完全按照式（3-3）进行，即：$L \to L_1 + Mg_2Si_p \to L_2 +$ （$Al + Mg_2Si$）$_e + Mg_2Si_p \to$ （$Al + Si + Mg_2Si$）$_e +$ （$Al + Mg_2Si$）$_e +$ Mg_2Si_p。

3.2.2 Mg_2Si 在铝熔体中生长机制

3.2.2.1 正常凝固条件下的生长机制

晶体的生长方式取决于固液界面的结构，而晶体的最终形态是由晶体各晶面的相对生长速度决定的，同时，它还受到外界条件，如杂质、温度、浓度等的影响。根据 Jackson 在 20 世纪 50 年代提出的理论[118,119]，从原子尺度看固液界面的微观结构可以分为两大类：粗糙界面和平整界面。粗糙界面是固相表面最外几个原子层约有 50%左右的位置未被充满，而平整界面固相表面上的原子层基本上是充满的（>95%）或上面只有少量（<5%）孤立的原子。Jackson 认为，界面的平衡结构应是界面自由能最低。如果在平整界面上随机地添加固相原子而使界面粗糙化时，其界面自由能 ΔG_S 的相对变化量 $\frac{\Delta G_S}{NkT_0}$ 可用下式表示[118,119]：

$$\frac{\Delta G_S}{NkT_0} = \alpha x(1-x) + x\ln x + (1-x)\ln(1-x) \tag{3-4}$$

式中 N——界面上可供原子占据的全部位置数；
k——玻耳兹曼常数；
T_0——平衡结晶温度；
x——在全部位置中被固相原子占据位置的分数；
α——Jackson 因子，其中，

$$\alpha = \left(\frac{L_0}{kT_0}\right)\left(\frac{\eta}{\nu}\right) \approx \left(\frac{\Delta S_m}{R}\right)\left(\frac{\eta}{\nu}\right) \tag{3-5}$$

L_0——结晶潜热；
ΔS_m——熔化熵；
R——气体常数；
η——原子在界面层内可能具有的最多近邻数；
ν——晶体内部一个原子近邻数。

根据式（3-4），对于不同的 α 值，可以得出 $\frac{\Delta G_S}{NkT_0}$ 与 x 之间的函数关系曲线，如图 3-4 所示。当 $\alpha>3$ 时，$\frac{\Delta G_S}{NkT_0}$ 在很小处及接近 1 处各有一个最低值，即界面的平衡结构只有少数点阵位置被占据，或者绝大部分位置被占据，仅留有少量空

位。此时，平衡界面是稳定的，α 值越大，界面越加平整。反之，当 $\alpha<2$ 时，$\frac{\Delta G_S}{NkT_0}$对任何取值皆为负值，表明液态中原子可以以任何充填率向界面上沉积，此时，界面是粗糙的。

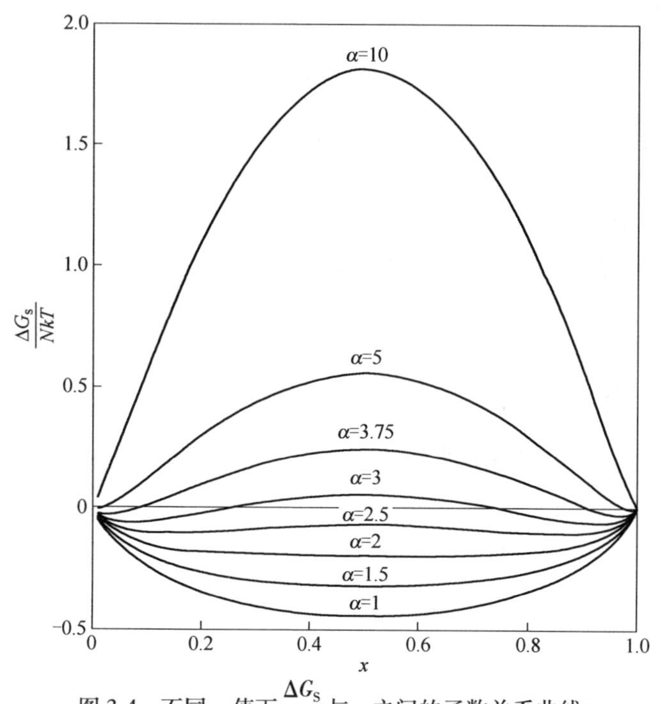

图 3-4　不同 α 值下$\frac{\Delta G_S}{NkT_0}$与 x 之间的函数关系曲线

在生长过程中，不同晶面族上原子密度和晶面间距是不同的，液相原子堆砌能力也有很大的差异，因而，在相同的生长条件下，各晶面族的生长速度也会有差异。通常情况下，Mg_2Si 晶体表面的高晶面指数非密排晶面生长速度大于低晶面指数密排面而消失，结果晶体表面为低晶面指数密排面所覆盖，如（111）和（100）面等。根据式（3-5），α 值主要取决于$\frac{\Delta S_m}{R}$与$\frac{\eta}{\nu}$值的大小。文献报道[120]，Mg_2Si 的结晶潜热为 85.69kJ，平衡结晶温度为 1373K，因而$\frac{\Delta S_m}{R}=7.51$。由于 Mg_2Si 是面心立方的晶体结构，所以其（111）和（100）面的$\frac{\eta}{\nu}$分别为$\frac{6}{12}$和$\frac{4}{12}$，相应的 α 值为 3.75 和 2.5，其曲线如图 3-4 所示。这就是说，Mg_2Si 在常规的条件下，其低晶面指数密排面（111）和（100）是以小平面的方式进行的。

晶体生长理论[120]认为以小平面方式生长的多晶体在生长过程中，固液界面上各点的溶质浓度分布是不均匀的，因此，固液界面上各点的过饱和度也是不同的。且这种不均匀性与晶体尺寸成正比，随着晶体尺寸的长大，这种过饱和度不均匀性也就越大。而当晶体尺寸超过一定的临界值时，固液界面不再保持平面，开始出现失稳现象。在 Al-Mg-Si 金属熔体中，随着初生 Mg_2Si 的析出长大，在 Mg_2Si 周围的熔体中 Mg，Si 含量逐渐减少，相应地，Al 含量则逐渐增加。Mg_2Si 就是在这种 Mg、Si 含量低，Al 含量相对较高的溶液中生长。同时，在凝固过程中，结晶潜热扩散的速度远远高于原子的扩散速度，因此，Mg_2Si 在生长过程中，将向界面前沿排出较多的 Al 元素，在固液界面前沿产生溶质元素的再分配[120]。随着 Mg_2Si 晶体的长大，在 Mg_2Si 晶体的固液界面前沿将产生一低 Si、Mg 高 Al 含量的边界层（图 3-5），这一边界层可使边界层本身的溶质过饱和度降低，减少边界层动力学系数，从而降低初生 Mg_2Si 晶体边界层的生长速度[120]。当初生 Mg_2Si 晶体的尺寸生长到足够大时，固液界面前沿不断地产生高 Al 低 Mg、Si 的边界层，Si、Mg 元素过饱和度不均匀性也明显增加，Si、Mg 元素过饱和度大的地方，生长速度就快，反之则很慢。此时，生长速度较大的地方容易突破边界层使其生长速度进一步加大，同时向侧向周围排斥 Al 元素。正如文献［120］所讨论的 Mg_2Si 在 Mg-Si 合金里的生长那样，生长速度较快的突破边界层之外的这部分，其横向生长速度因高 Al 低 Mg、Si 边界层仍然限制着侧向的生长，因此，具有较快的垂直于固液界面的生长速度，使固液界面开始失稳，从而生成了长的树枝晶。由于 Mg_2Si 为面心立方的晶体结构，在理想的条件下其生长表面为八个低

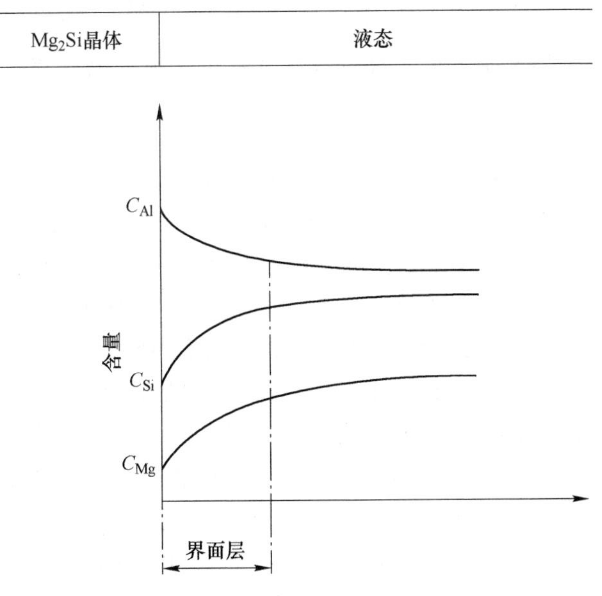

图 3-5　初生 Mg_2Si 晶体固液界面前沿的高铝低硅镁边界层示意图

晶面指数的密排（111）晶面组成，生长方向为<100>方向的八面体。如图 3-6 所示，（a）为理想的八面体示意图，（b）为实验观察到的 Mg_2Si 理想八面体。但是，由于固液界面的失稳，受到边界层抑制，尤其在凝固速率相对较大的情况下（金属模浇注），使得固液界面变为由许多凸起的规则的小晶面组成，从而形成 Mg_2Si 枝晶，其示意图见图 3-7（a）。真实的晶体形态见图 3-7（b）、（c），（b）为 Mg_2Si 在 SEM 下的树枝晶的特征，（c）为利用萃取的方法得到的 Mg_2Si 枝晶。也就是说，在凝固过程中，大多数情况下，初生 Mg_2Si 枝晶表现为如图 3-7 中的粗大的枝晶状的特征。

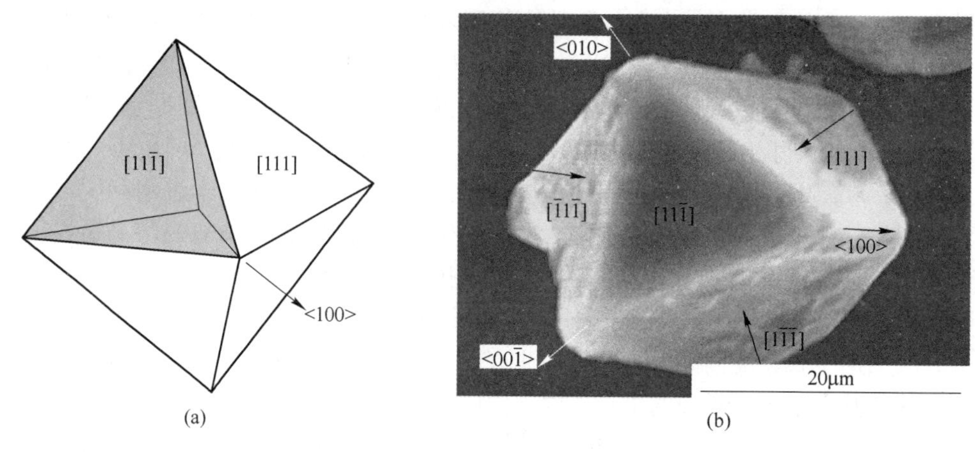

图 3-6　八面体示意图（a）和 Mg_2Si 八面体晶体图（b）

3.2.2.2　快速凝固条件下的组织特征及生长方式的转变

A　组织特征与生长方式

凝固速率影响着材料的凝固过程，也影响到晶体的生长过程与生长机制，本节主要研究快速凝固条件下，初生 Mg_2Si 晶体的生长特性以及 Al-Mg_2Si 复合材料显微组织特征。实验采用了单辊激冷的快速凝固方法，其设备如图 2-1 所示，通过单辊激冷获得的复合材料薄带如图 3-8 所示，其中光滑面为铜轮接触面，粗糙表面则为与空气接触的自由凝固表面，带的厚度约 45mm。图 3-9 为复合材料薄带中接近自由表面的形貌，由图可见经过单辊激冷后，初生 Mg_2Si 相表现为尺寸 20mm 左右的表面光滑的（非棱角状特征）树枝晶。为了更加清楚地了解薄带内初生 Mg_2Si 相的特征，高倍的枝晶图如图 3-10 所示，其中（a）为自由表面局部放大图，（b）为铜轮面局部放大形态图。由图可见，经过快速凝固后，在铜轮端 Mg_2Si 相全部呈现为光滑的非棱角状特征（图 3-10（b）），而在自由面，Mg_2Si 除了呈现光滑的表面特征外，部分的初生 Mg_2Si 相还表现为图 3-10（a）所示的略微的棱角状特征。这说明，在铜轮接触端，Mg_2Si 是以非小平面的方式生长，

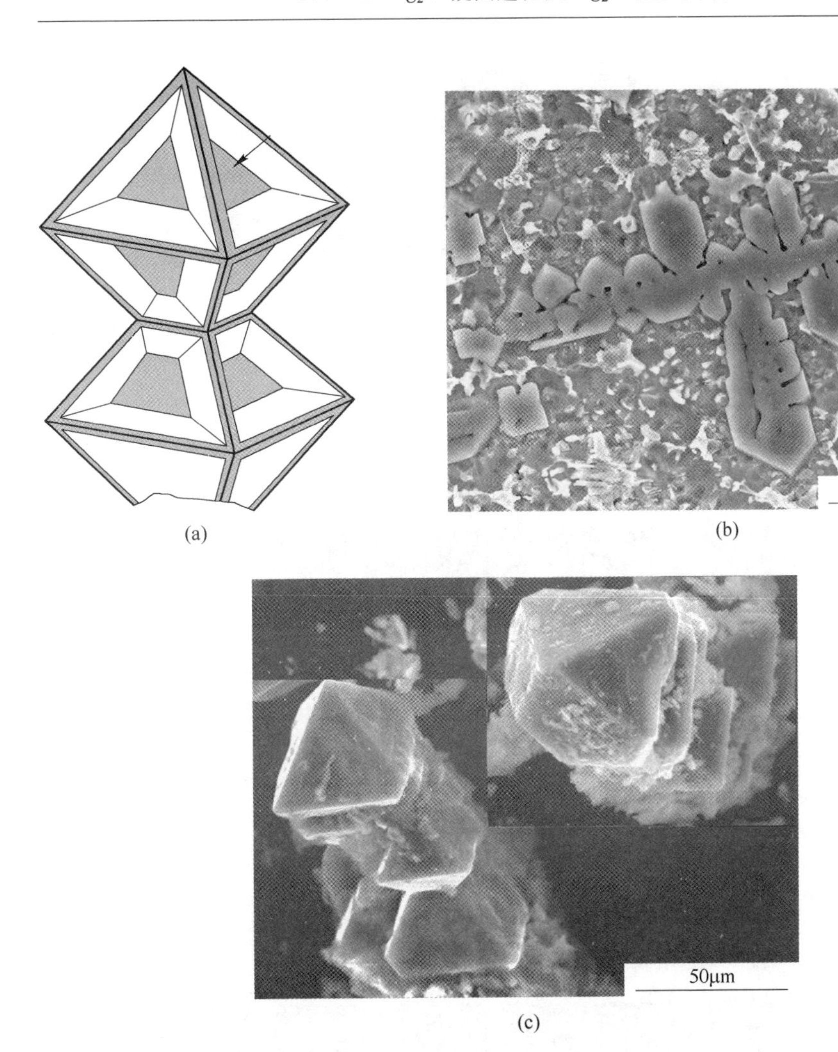

(a) (b) (c)

图 3-7 由于界面失稳形成的枝晶示意图（a）、
Mg_2Si 枝晶平面图（b）和 Mg_2Si 枝晶三维图（c）

而在自由表面，部分枝晶却体现出了小平面的生长方式。值得一提的是，在同样的工艺与设备条件下，Xu 等人[121]采用了单辊激冷方法获取了 Al-20Si 过共晶铝硅合金薄带，研究发现薄带中初生 Si 的尺寸减小至 2μm 左右，也就是说以小平面生长方式长大的初生 Si 在高冷速下颗粒尺寸会变得很小。而在本研究中，初生 Mg_2Si 尺寸仍然达到 20μm，这也充分印证了生长方式由小平面转变成了非小平面的特性。众所周知，Cu 的导热能力远远大于空气的导热能力，同时，铜轮端凝固过程释放的结晶潜热传导至自由端，这也降低了自由端的冷却速率，即：冷却速率的差异造成了 Mg_2Si 在自由端的生长方式开始发生转变。正如前文所讨论的，根据 Jackson 因子值的大小，在平衡条件下，Mg_2Si 属于小平面的生长方

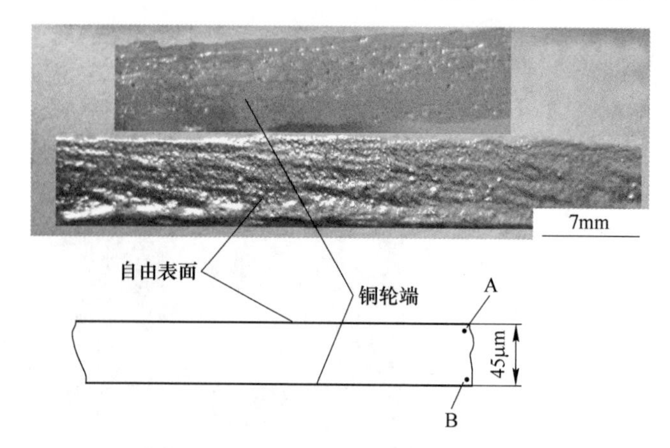

图 3-8　Al-Mg_2Si 复合材料带宏观特征

图 3-9　Al-Mg_2Si 薄带内接近自由表面 Mg_2Si 形貌

图 3-10　Al-Mg_2Si 带中初生 Mg_2Si 形貌

（a）自由表面略微表现为棱角的特征；（b）铜轮面呈现为光滑的圆柱形特征

式。Cahn[122,123]通过理论推导得出在大的过冷条件下，晶体的生长方式可能由小平面转变为非小平面，这种转变取决于一个临界过冷度 $\pi\Delta T^*$，在这个临界过冷度，驱动力 ΔF^* 达到了一个临界值：

$$-\Delta F^* = \pi\sigma g/\alpha \tag{3-6}$$

式中 σ——界面自由能；

α——生长台阶的高度；

$g=\pi x^3\exp(-\pi x)$，$x=n\pi/2$，n 为熔化温度固态向液态转化的原子层数。当驱动力小于 $\pi\sigma g/\alpha$，晶体以小平面的方式生长；当驱动力接近或大于 $\pi\sigma g/\alpha$，此时结晶壁垒消失，晶体按照非小平面的方式生长。因此，从动力学角度而言，这种小平面与非小平面之间的转变可以发生；虽然热力学上在平衡条件下 Mg_2Si 属于小平面的生长，但是在远离平衡条件下，这种转变也是有可能发生的。因此，可以推断 Mg_2Si 晶体在快速凝固的条件下生长方式可以发生转变。根据实验，自由面部分枝晶转变为小平面的方式生长，而铜辊面则表现为非小平面的生长，所以自由面与铜辊面的冷却速率区间，尤其接近自由面处的冷却速率即为生长方式的转换点。

B 冷却速率的估算

自由面处（生长方式转换点）的冷却速率可以通过傅里叶传热模型进行估算。图 3-11 为一维简化复合材料熔体和铜辊间傅里叶传热模型[28,124]，模型图上坐标轴 T 和 x 分别代表温度和距熔体和铜辊间的距离。在此模型中，假设传热是一维的，并具有初始条件 $T_{10}=1053\text{K}(780℃)$，$T_{20}=293\text{K}(20℃)$；复合材料和铜辊的物理性能不随温度而变化，同时，忽略界面热阻和凝固过程中的热辐射和对流。傅里叶一维传热微分方程可以通过下式表达[124]：

$$\frac{\partial T}{\partial \tau} = \alpha \frac{\partial^2 T}{\partial x^2} \tag{3-7}$$

式中 τ——冷却时间；

α——材料的热扩散系数；

$$\alpha = \frac{\lambda}{c\rho}$$

c——材料的比热容；

λ——材料的导热系数；

ρ——材料的密度。

因为 $T(x, t)$ 是 x 和 t 的函数，所以式（3-7）的通解为：

$$T = A + B\text{erf}\left(\frac{x}{2\sqrt{a\tau}}\right) \tag{3-8}$$

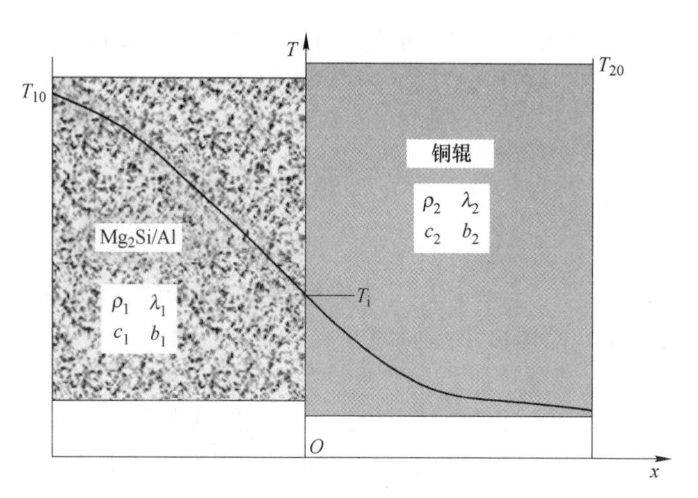

图 3-11　一维简化傅里叶传热模型

在此表达式中，A 和 B 是不定积分常数，误差函数

$$\mathrm{erf}\left(\frac{x}{2\sqrt{a\tau}}\right)=\int_0^{\frac{x}{2\sqrt{a\tau}}}\mathrm{e}^{-\beta^2}\mathrm{d}\beta\quad(\mathrm{erf}(0)=0,\ \mathrm{erf}(-\infty)=-1)$$

对于单辊激冷的 Al-Mg_2Si 复合材料，根据边界条件（$x=0$，$\tau>0$ 时，$T=T_i$）和初始条件（$\tau=0$，$x<0$ 时，$T=T_{10}$），可推得 $A=T_{10}$，$B=T_i-T_{10}$。基于边界条件和初始条件，能够得到复合材料温度分布函数（T_1）的通解：

$$T_1=T_i+(T_i-T_{10})\mathrm{erf}\left(\frac{x}{2\sqrt{a\tau}}\right)\tag{3-9}$$

类似地，对于铜辊而言，根据边界条件（$x=0$，$\tau>0$ 时，$T=T_i$）和初始条件（$\tau=0$，$x>0$ 时，$T=T_{20}$），可推得 $A=T_i$，$B=T_{20}-T_i$，因而可以得到铜辊温度分布函数（T_2）的通解：

$$T_2=T_i+(T_{20}-T_i)\mathrm{erf}\left(\frac{x}{2\sqrt{a\tau}}\right)\tag{3-10}$$

在复合材料与铜辊的界面上，由于热流是连续的，故可以得到：

$$\lambda_1\left[\frac{\partial T_1}{\partial x}\right]_{x=0}=\lambda_2\left[\frac{\partial T_2}{\partial x}\right]_{x=0}\tag{3-11}$$

对式（3-9）和式（3-10）在 $x=0$ 处求导，得：

$$\left[\frac{\partial T_1}{\partial x}\right]_{x=0}=\frac{T_i-T_{10}}{\sqrt{\pi\alpha_1\tau}}\tag{3-12}$$

$$\left[\frac{\partial T_2}{\partial x}\right]_{x=0}=\frac{T_{20}-T_i}{\sqrt{\pi\alpha_2\tau}}\tag{3-13}$$

把式（3-12）和式（3-13）代入式（3-11）可得：

$$T_i = \frac{T_{10}\sqrt{\lambda_1 c_1 \rho_1} + T_{20}\sqrt{\lambda_2 c_2 \rho_2}}{\sqrt{\lambda_1 c_1 \rho_1} + \sqrt{\lambda_2 c_2 \rho_2}} = \frac{T_{10} b_1 + T_{20} b_2}{b_1 + b_2} \tag{3-14}$$

式中，$b_1 = \sqrt{\lambda_1 c_1 \rho_1}$，$b_2 = \sqrt{\lambda_2 c_2 \rho_2}$ 分别为复合材料和铜辊的蓄热系数。

复合材料的密度（ρ）由阿基米德法测得（详见 2.8.3 节），而比热容（c）和导热系数（λ）则是通过下式[28,125]计算：

$$c_c = \frac{v_p c_p \rho_p + (1 - v_p) c_m \rho_m}{\rho_c} \tag{3-15}$$

$$\lambda_c = \lambda_m \frac{2\lambda_m + \lambda_p - 2V_p(\lambda_m - \lambda_p)}{2\lambda_m + \lambda_p + V_p(\lambda_m - \lambda_p)} \tag{3-16}$$

式中，V 是陶瓷颗粒的体积分数；下标 c、m 和 p 分别代表复合材料（c）、金属基体（m）和增强颗粒（p）。Al，Mg_2Si 和铜辊原始的热力学参数[115,126]以及计算得到的 Al-25Mg_2Si（质量分数）热力学参数如表 3-1 所示。

表 3-1　实验中材料的物理性能数据及初始条件

材料	初始温度 T_0/K	导热系数 λ/W·m^{-1}·K^{-1}	比热容 c/J·kg^{-1}·K^{-1}	密度 ρ/kg·m^{-3}	结晶潜热 L/kJ·kg^{-1}
Mg_2Si	—	8.0	964.5	1880	1119.71
Al	—	237	901.9	2700	396.67
Al-25Mg_2Si	1053（T_{10}）	143.2（λ_1）	919.6（c_1）	2431.6（ρ_1）	577.43（L_1）
铜辊	293（T_{20}）	398（λ_2）	386（c_2）	8930（ρ_2）	—

根据复合材料和铜辊的热力学参数，得：

$$b_1 = \sqrt{\lambda_1 c_1 \rho_1} = 17894.4，\ b_2 = \sqrt{\lambda_2 c_2 \rho_2} = 37039.1$$

则根据式（3-14）得到复合材料与铜辊接触界面的温度为：

$$T_i = \frac{T_{10} b_1 + T_{20} b_2}{b_1 + b_2} = 540.57\text{K} \tag{3-17}$$

进而，根据式（3-9）推出：

$$T_1 = 540.57 - 512.43\text{erf}\left(\frac{x}{2\sqrt{0.00006404\tau}}\right) \tag{3-18}$$

因此，复合材料的冷却速率为：

$$\left[\frac{\partial T_1}{\partial \tau}\right] = 512.43\left(\frac{x}{0.032\tau\sqrt{\tau}}\right)\exp\left(-\frac{x^2}{0.0002562\tau}\right) \tag{3-19}$$

根据复合材料凝固过程中的散热与吸热平衡，可推出复合材料带的凝固时间为[118]：

$$\tau = \left\{\frac{\sqrt{\pi}\, x \rho_1 [L_1 + c_1(T_{10} - T_c)]}{2b_2(T_i - T_{20})}\right\}^2 = 33027.9x^2 \tag{3-20}$$

其中 T_c 为复合材料的熔点（840K）。因而，在自由面（$x=-0.000045$）的凝固时间为 $\tau=6.69\times10^{-5}$s，此时，冷却速率 $\left[\frac{\partial T_1}{\partial \tau}\right]_{x=-0.000045}=-0.169\times10^6$℃/s。

通过如上估算，可以确定当冷却速率大于 1.169×10^6℃/s 时，铝熔体中的 Mg_2Si 晶体转变成非小平面的方式生长。

3.3 Al-Mg_2Si 复合材料组织控制

3.3.1 磷对 Al-Mg_2Si 复合材料的变质（组织控制）作用及其机制

本节主要研究磷对 Al-Mg_2Si 复合材料显微组织的影响以及在铝熔体中对 Mg_2Si 晶体生长方式的影响。

3.3.1.1 磷对复合材料显微组织的影响及作用机理

实验采用 Cu-14wt. %P 中间合金作为变质剂，其中 P 的加入量为合金总重的 0.5%，复合材料的合金成分如表 3-2 所示，XRD 图谱如图 3-12 所示，由图 3-12 可见 Al-Mg_2Si 复合材料主要由 Al 基体、Mg_2Si 增强体、$CuAl_2$ 相以及共晶 Si 相组成。如在上一节所讨论的，根据相图（图 3-1），Al-Mg_2Si 系统的液相线温度与共晶温度有着较大的温度区间（100℃左右），通常 Mg_2Si 有着较长的凝固时间，从而枝晶比较粗大。经过金属型铸造的铸态组织如图 3-13（a）所示，黑色相是初生 Mg_2Si 相，灰色相为 Mg_2Si-Al 二元或者 Mg_2Si-Al-Si 三元共晶相，白色的是 α-Al 铝基体。初生 Mg_2Si 为粗大的一次和二次晶沿着［001］方向择优生长的树枝晶，其枝晶长度超过了 300μm。砂型的组织如图 3-13（b）所示，由于凝固速率的降低，除了共晶相变得粗大之外，初生 Mg_2Si 晶体也由树枝晶转变为更加粗大的等轴晶，其颗粒直径为 200μm 左右。比较图 3-13（a）与（b），砂型与金属型铸造在变质前后不仅仅是颗粒尺寸的变化，同时还有形貌的变化。众所周知，随着冷却速度的降低，凝固速度减慢，晶体有着足够的生长时间，这使得砂型铸造过程中颗粒尺寸较大，如图 3-13（b）所示。但是在凝固速度相对较快的条件下，晶体并不仅仅表现为尺寸细小，而且同时表现出枝晶发达的现象，如图 3-13（a）所示。这种现象主要是由 Mg_2Si 较低的熔化熵造成的[14]。磷变质后的组织如图 3-13（c）和（d）所示，由图知无论砂型还是金属型的组织，初生 Mg_2Si 均变为细小的块状，金属型的尺寸为 20μm，砂型的尺寸为 50μm 左右。以上可见，磷对初生 Mg_2Si 相的变质效果是十分明显的。

表 3-2 Al-Mg_2Si 复合材料的化学成分（质量分数） （%）

材料	Al	Mg	Si	Cu	Cr	Zn	Ni	Fe
Al-Si-Mg-Cu	Bal.	14.302	10.236	3.016	0.017	0.012	0.004	0.187

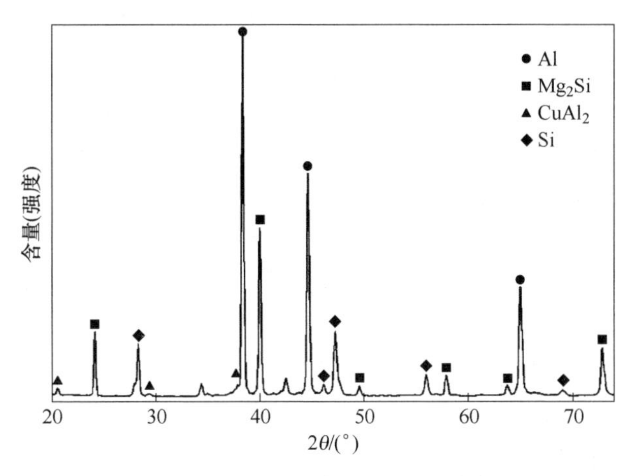

图 3-12 Al-Mg_2Si 复合材料的 XRD 图

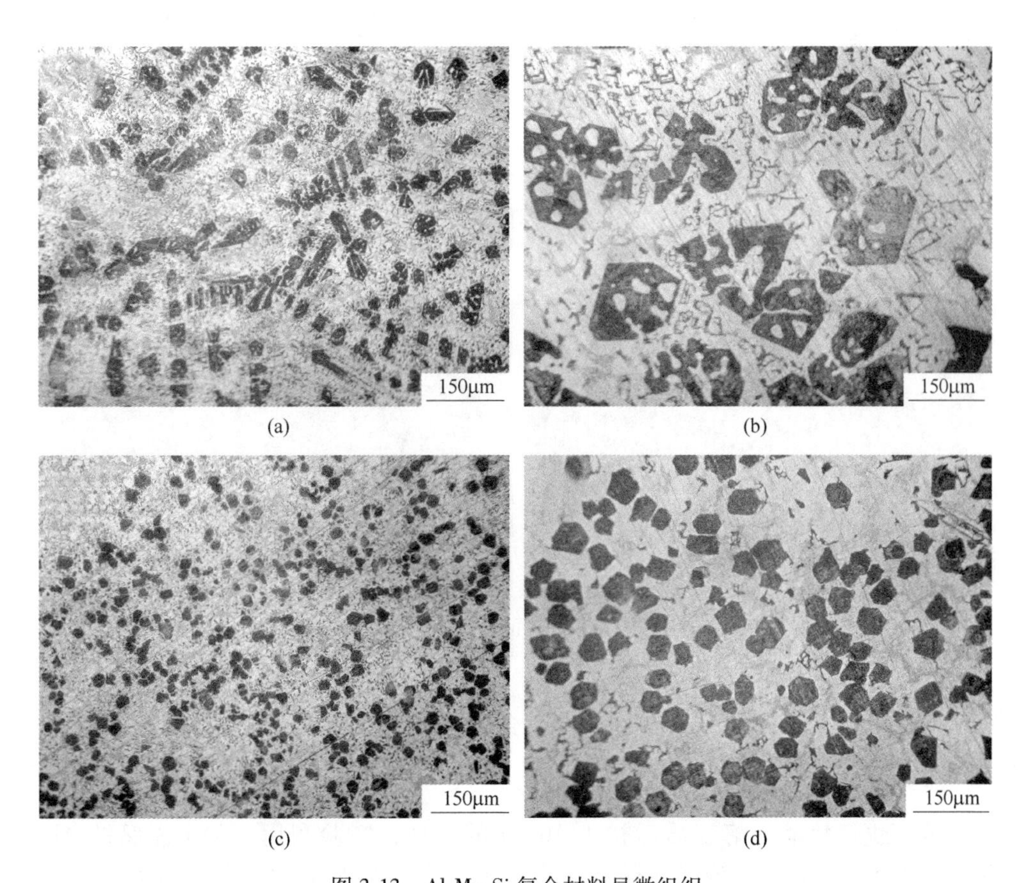

(a) (b) (c) (d)

图 3-13 Al-Mg_2Si 复合材料显微组织

(a) 未变质的金属型铸件；(b) 未变质的砂型铸件；(c) 磷变质的金属型铸件；(d) 磷变质的砂型铸件

为了研究磷对共晶组织的作用，放大的显微组织如图 3-14 所示，其中黑色的汉字状的为 Mg_2Si-Al 二元共晶，灰色的菊花状的为 Al-Si 二元共晶，还有少量的三元共晶组织。对比图 3-14（a）和（b），可以清楚地看到随着冷却速率的减小，共晶相变得更加粗大，共晶 Mg_2Si 相均呈现为汉字状特征。而经过变质后金属型铸件中 Mg_2Si 表现为细小的点状或粒状（图 3-14（c）），而砂型中汉字状的特征也消失了，取而代之的是块状或者板条状（图 3-14（d））。对比图 3-14（a）和（c）、（b）和（d），无论是金属型还是砂型铸件的组织，加入磷变质前后共晶 Si 相均没有发生明显的变化。由此我们可以推得 Al-Mg_2Si 复合材料中磷对 Al-Si 二元共晶相没有变质作用，或者作用微小。

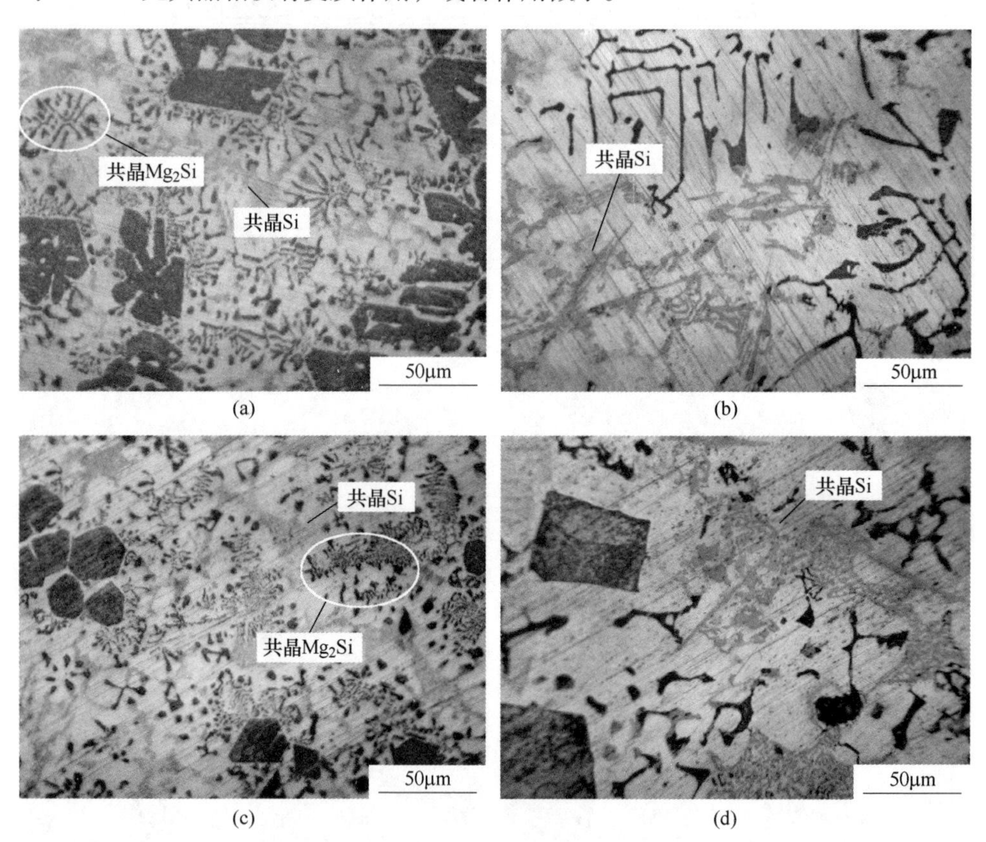

图 3-14　Al-Mg_2Si 复合材料共晶组织特征

（a）未变质的金属型铸件；（b）砂型铸件；（c）磷变质的金属型铸件；（d）磷变质的砂型铸件

为了更清楚地了解变质后初生 Mg_2Si 的特征，实验利用 NaOH 深腐蚀 Al-Mg_2Si 复合材料金属型铸造的样品，其腐蚀后的 SEM 显微组织如图 3-15 所示，从此图可以清晰地看出 Mg_2Si 颗粒呈现为多边形，其中某些颗粒出现了边角圆整化的现象。此外，在部分 Mg_2Si 颗粒内部出现了一个圆形的孔，这个圆形孔洞在

原始的样品中是由 α-Al 填充，由于在样品制样的过程中采取了深腐蚀的手段，使得 α-Al 被腐蚀掉而留下痕迹。在 Mg_2Si 颗粒之间，有少量白色的 $CuAl_2$ 相。图 3-16 是对变质前后的显微组织进行定量金相分析，结果显示变质之前初生 Mg_2Si 在金属型和砂型铸造的复合材料中所占的平均体积分数分别是 24.6% 和 32.3%（图 3-16 Ⅰ和Ⅲ），但是，经过磷变质之后，体积分数并没有发生太大的变化，分别是 22.5%和 32.2%。这说明磷的加入虽然改变了初生 Mg_2Si 相的形貌和尺寸，但是并没有影响初生 Mg_2Si 相在复合材料中所占的体积分数。

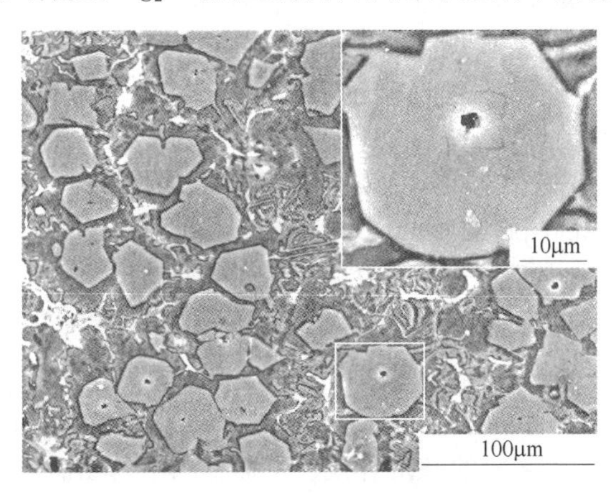

图 3-15　深腐蚀 Al-Mg_2Si 复合材料扫描电镜图谱

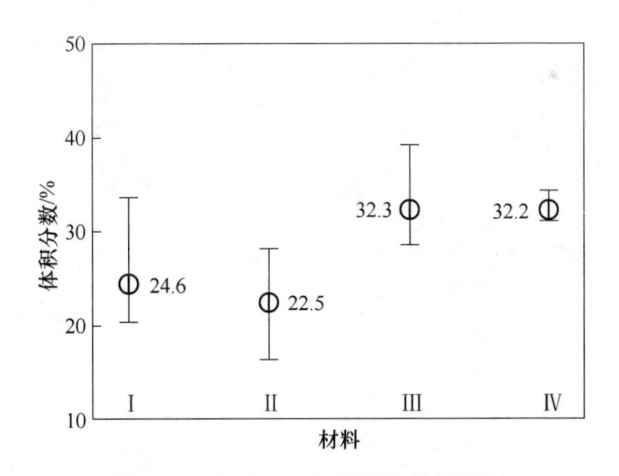

图 3-16　初生 Mg_2Si 相平均体积分数

（Ⅰ）金属型；（Ⅱ）磷变质+金属型；（Ⅲ）砂型；（Ⅳ）磷变质+砂型

由以上的分析可以知道，加入变质剂 P 以后，初晶 Mg_2Si 的形态发生了变化，而晶粒形态的控制主要是通过形核以及生长过程的控制实现的，也就是通常所说的孕育和变质。促进形核的方法有很多，包括浇注过程控制方法、化学方法、物理方法、机械方法、传热条件控制方法等，但向熔体中添加合金元素从而控制晶粒的形态，进而细化晶粒，是改善合金组织最直接、有效，也是最简单的一种方法。实验研究表明：在 Al-Mg_2Si 复合材料中加入元素磷可以细化其中的初晶 Mg_2Si 相，改善 Mg_2Si 的形态，减小其尺寸。研究者普遍认为[127]在过共晶 Al-Si 合金中对初晶 Si 的细化作用主要是 AlP 化合物的异质核心作用，但对于磷影响 Al-Mg_2Si 合金组织的研究较少。1990 年，德国学者曾经报道过[1]在Al_{50}（Mg_2Si）$_{50}$合金体系中，红磷能够形成 $Mg_3(PO_4)_2$化合物而作为 Mg_2Si 的结晶核心。为了研究本实验中磷的变质机理，对变质后的复合材料进行了 TEM 检测，其结果如图 3-17 所示，图中灰色相为初生 Mg_2Si 相，周围浅灰色相为 α-Al 相。其中在图 3-17（a）中，Mg_2Si 晶体中心发现了一个核心，如图中箭头所示，尺寸为 200nm 左右，通过衍射花样确定为单斜晶系，计算所得的晶胞参数 a 与 Mg_3（PO_4）$_2$实际的晶胞参数 $a=5.911$ 接近，因而可以确定是 $Mg_3(PO_4)_2$化合物。鉴于此，本研究中磷对 Al-Mg_2Si 中 Mg_2Si 的变质作用也是 $Mg_3(PO_4)_2$作为了 Mg_2Si 的结晶核心，因为虽然变质前后初生 Mg_2Si 形貌发生了变化，但是由图 3-16 可以看出，初生 Mg_2Si 体积分数几乎没有变化，颗粒尺寸减小，颗粒的数量必然要增加，这说明在凝固的初始阶段，初生 Mg_2Si 的结晶核心必然要增加，也进一步印证了磷的化合物的核心作用，从而推断出磷在铝熔体中能够提高初生 Mg_2Si 的形核率。此外，虽然初生相发生了明显的变化，但是 Al-Si 共晶相变质前

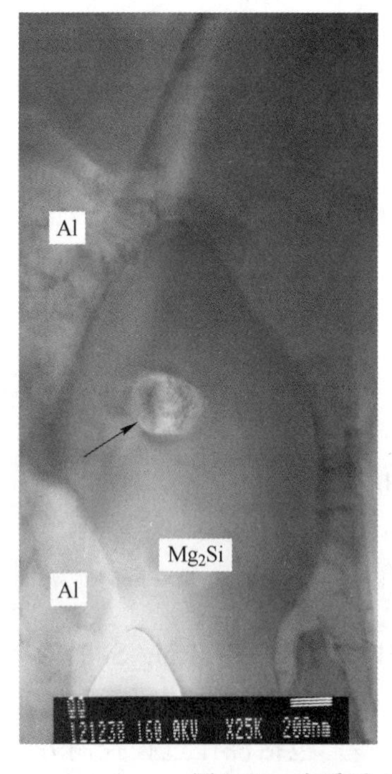

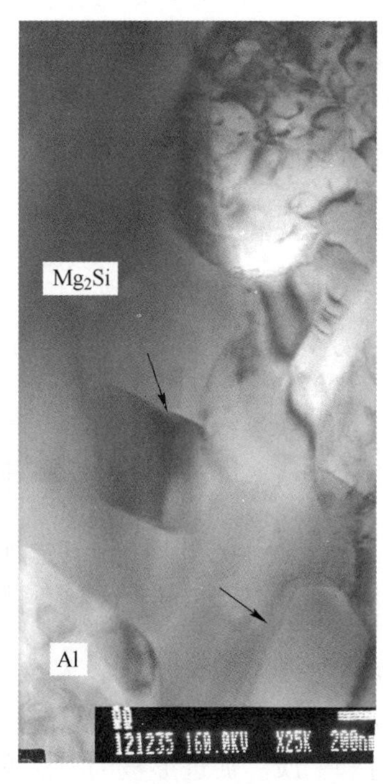

图 3-17　变质后 Al-Mg_2Si TEM 组织图

后并没有发生明显的变化，这和磷在 Al-Si 合金中的变质现象相一致。此外，在图 3-17（b）中同时发现了在 Mg_2Si 晶体之上存在着台阶状的较小的晶体，如图中箭头所示，这也显示出了在正常的凝固条件下 Mg_2Si 晶体的台阶式生长的小平面特性。

3.3.1.2 磷对初生 Mg_2Si 晶体生长方式的影响

为了研究变质元素对初生 Mg_2Si 晶体生长方式的影响，实验采用了萃取的手段获得了 Mg_2Si 颗粒。图 3-18 是利用萃取方法获得的变质后的金属型铸件中的初生 Mg_2Si 颗粒。由低倍（图 3-18（a））可以显示出大部分晶体呈现为十四面体（六八面体），少数呈现为八面体。理想的八面体如图 3-18（b）所示，十四面体如图 3-18（c）和图 3-18（d）所示，其中图 3-18（c）是刚刚生长为十四面体的晶体，其尺寸略大于八面晶体（图 3-18（b）），而图 3-18（d）则是形成了较理想

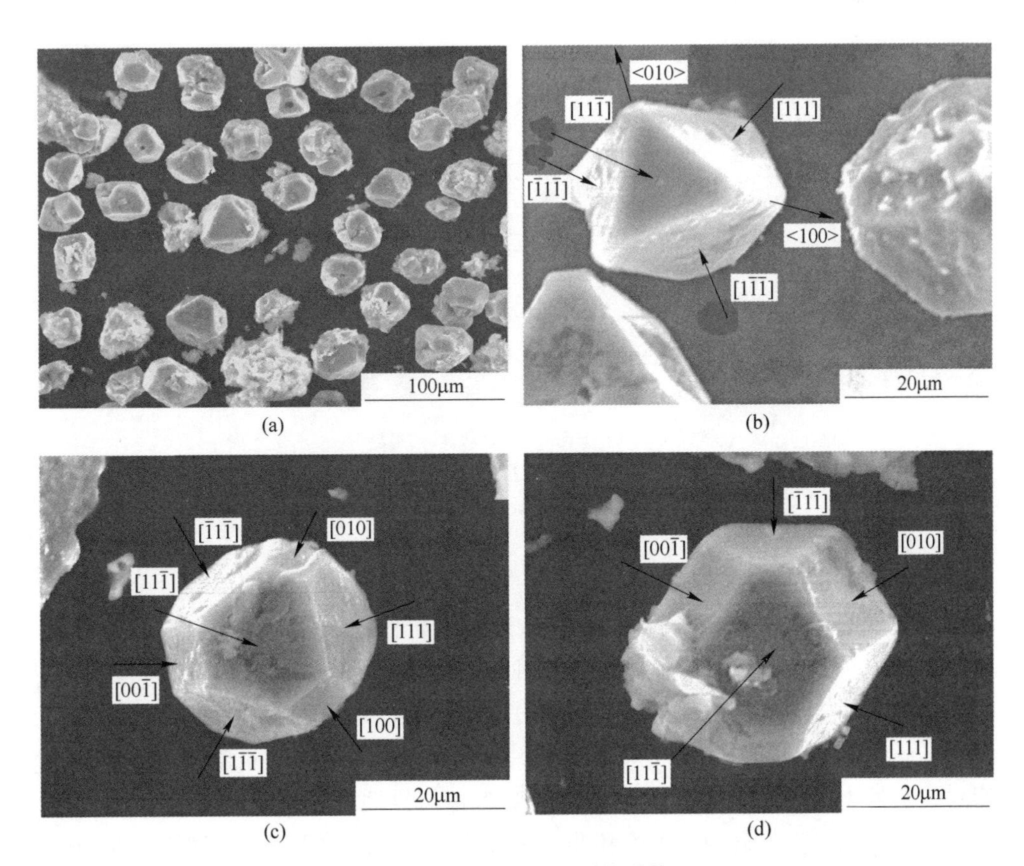

图 3-18 初生 Mg_2Si 颗粒形貌

（a）低倍；（b）八面体；（c），（d）十四面体

的十四面晶体，其尺寸进一步增加。从而可以确定如下关系：在尺寸较小时，Mg_2Si 晶体是理想的八面体。随着尺寸的增大，转变成了十四面体，进一步增大尺寸，则成为理想的十四面体。此外，在萃取的过程中，同时发现了由于凝固过程中缺乏熔体的对流而形成的漏斗形晶体，如图 3-19 所示。在晶体的生长过程中，由于凝固速度相对较快，使得熔体内的对流、扰动降低，从而溶质传输显著地下降，这样就导致了局部的成分几乎不再发生变化。单个的八面体在生长过程中，在同一个方向没有足够的原子去维持晶面的生长，只能由溶剂中的 Al 原子填充。相反，对于晶棱，溶质从两个方向供给，从而使得晶棱优先生长，最终形成如图 3-19（a）所示的漏斗形晶体。随着晶体的进一步长大，这种现象愈发明显，从而形成了典型的漏斗形晶体，如图 3-19（b）所示。当图 3-19（a）所示的晶体被沿着某个面横向剖开时，其形貌呈现为中间含有孔洞，边角圆整化的特点，正如图 3-15 所示。假设图 3-19（b）所示晶体尺寸进一步长大，达到 200μm，经横向剖开后，便可体现出图 3-13（b）中初生 Mg_2Si 的特征。

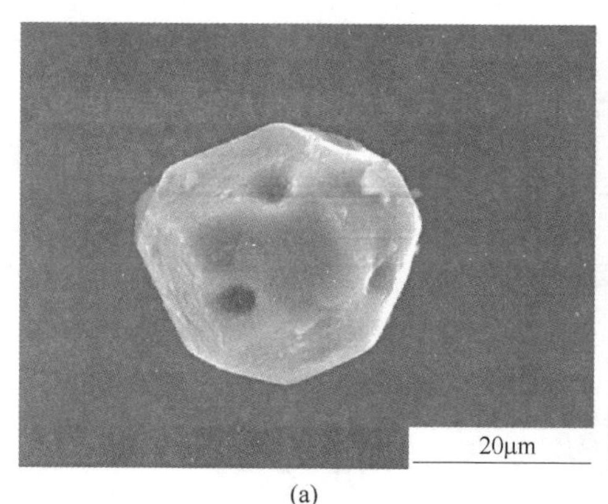

(a)

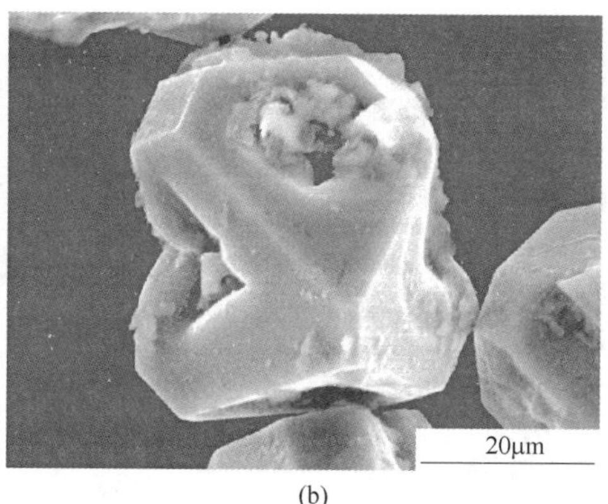

(b)

图 3-19　漏斗形晶体的形态
（a）初期；（b）典型的漏斗形晶体

晶体的生长是从形核过程开始的。一些研究工作显示，在高温的合金熔体中存在着宏观偏析或原子集团[128,129]，这些宏观偏析作为初生 Mg_2Si 生长的种子晶体优先形成。此外，在过冷的熔体中，种子晶体也可以通过异质形核和均质形核生成。种子晶体的最初生长是通过扩散过程实现的，并且表现为各向同性，如在 Al-Si 合金中最初的种子晶体是球形[128]。当球形的种子晶体尺寸超过一定的临界值时，它的生长方式将会发生改变，转变为各向异性。正如上文（3.2.2.1 节）所讨论的，晶体生长分为小平面和非小平面两种方式。由于 Mg_2Si 属于半金属面心立方晶体，生长方式属于典型的小平面生长，其择优生长方式为［1 0 0］晶面方向，即<1 0 0>，<0 1 0>，<0 0 1>，<$\bar{1}$ 0 0>，<0 $\bar{1}$ 0>和 <0 0 $\bar{1}$>晶向，从而形成了八面体，如图 3-18（b）所示，由四个［111］面组成。随着凝固的不断进行，熔体的过饱和度将发生变化。据报道，如果 $V_{[100]}/V_{[111]}=\sqrt{3}$，晶体将会生长成为一个理想的八面体，如果 $V_{[100]}/V_{[111]}>\sqrt{3}$，晶体将会逐渐长为枝晶，相反，如果 $V_{[100]}/V_{[111]}<\sqrt{3}$，晶体则会生长为十四面体[130]，$V_{[100]}$和 $V_{[111]}$分别是指沿着<1 0 0>和［1 1 1］的生长速率。在 Mg_2Si 连续生长的过程中，复合材料熔体在没有磷加入时，晶体长成了枝晶（图 3-13（a）），然而，加入磷后，为尺寸较小的八面体（图 3-18（b）），随着晶体的长大，变成了十四面体（图 3-18（c）），即 $V_{[100]}/V_{[111]}<\sqrt{3}$。随后，随着生长的不断进行，十四面体变得更加理想，如图 3-18（d）所示。这一转变可能是如下原因引起的：磷的加入使得结晶核心增多，生成了更多的晶粒，晶粒的增多使得在晶体生长过程中溶质的过饱和度迅速增加，结果导致在生长过程中择优生长的<100>晶向生长速度下降，而使得<100>晶向转变为［100］面，从而形成了十四面体。随着晶体的长大，这种现象加剧，导致了图 3-18（d）的出现。

因此，推断出变质前后的 Mg_2Si 的生长方式如图 3-20 所示。首先是形核，然后体现出各向异性的特点，转变成八面体。在未加入磷变质剂的熔体中，生长速度 $V_{[100]}/V_{[111]}>\sqrt{3}$，按照图 3-20 中的路线 I，（1）→（2）进行，形成粗大的枝晶。当加入磷后，生长过程沿着路线Ⅱ，（1）→（3）→（4）进行，形成了十四面体。

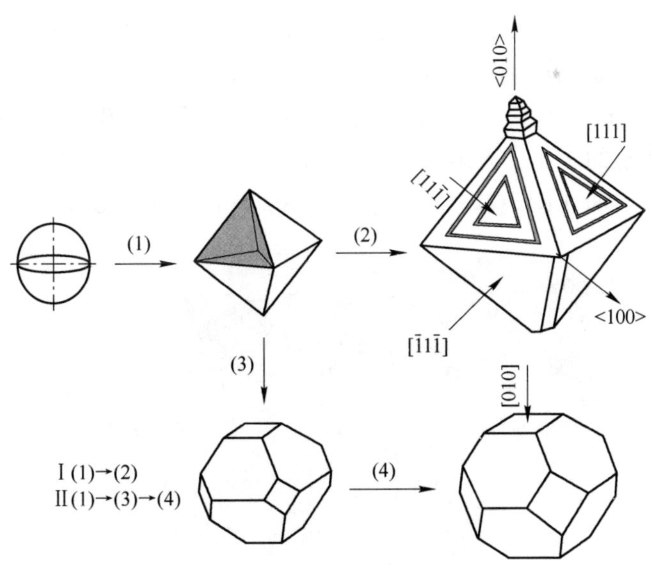

图 3-20　磷添加前后初生 Mg_2Si 晶体生长过程示意图

I —未添加；Ⅱ—添加后

3.3.2　锶对 Al-Mg_2Si 复合材料的变质（组织控制）作用及其机制

锶（Sr）作为第二主族的元素，面心立方的空间构型，晶胞参数 0.608nm，是常用的亚共晶铝硅合金的变质剂元素，能够有效地限制共晶 Si 的生长，细化共晶组织。同时，作为面心立方空间构型的 Mg_2Si，晶胞参数 0.634nm，与 Sr 十分接近，因此，Sr 也有可能成为 Al-Mg_2Si 复合材料有效的变质剂。在空气中 Sr 的化学性质极其活泼，易氧化，所以，通常以 Al-Sr 中间合金的方式加入到熔体中[131]。实验以 Al-10Sr 中间合金为变质剂，Sr 的加入量分别为占合金总重的 0.05%、0.1%以及 0.15%（质量分数）。其铸态的复合材料化学组成见表 3-3。

表 3-3　铸态 Al-Mg_2Si 复合材料的成分组成

合金	Al	Si	Cu	Mg	Cr	Zn	Ni
Al-Si-Cu-Mg	Bal.	12.126	2.946	11.562	<0.005	<0.016	<0.002

3.3.2.1　锶对复合材料显微组织的影响及作用机理

图 3-21 是金相样品的一个剖面示意图，其中“A”表示样品的非边缘部位，“B”表示样品的边缘部位（与模具接触部位），由于采用了金属型铸造，所以在 B 处（边缘处）由于导热较快而具有相对较高的冷却速度。其中 A 的显微组织对应于图 3-22，而 B 的显微组织则对应于图 3-24。同上一节（3.3.1）的研究结果一致，未加入变质剂时，在 A 处，初生 Mg_2Si 相呈现为典型的树枝状结构（图 3-22（a））。随着 Sr 的加入，初生 Mg_2Si 相首先转变为多边形（图 3-22（b）），尺寸减小为 40μm 左右。当 Sr 含量增加到 0.1%（质量分数）时，初生 Mg_2Si 相形貌发生了明显的变化，大多数初生 Mg_2Si 呈现为四边形，尺寸与 0.05% Sr 变质剂相比略有增加（图 3-22（c））；初生 Mg_2Si 的体积分数发生了明显的变化，

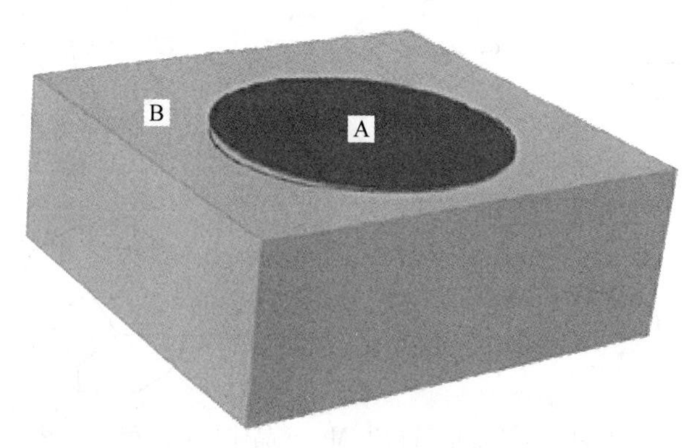

图 3-21　Al-Mg_2Si 复合材料金相界面示意图

A—非边缘部位；B—边缘部位

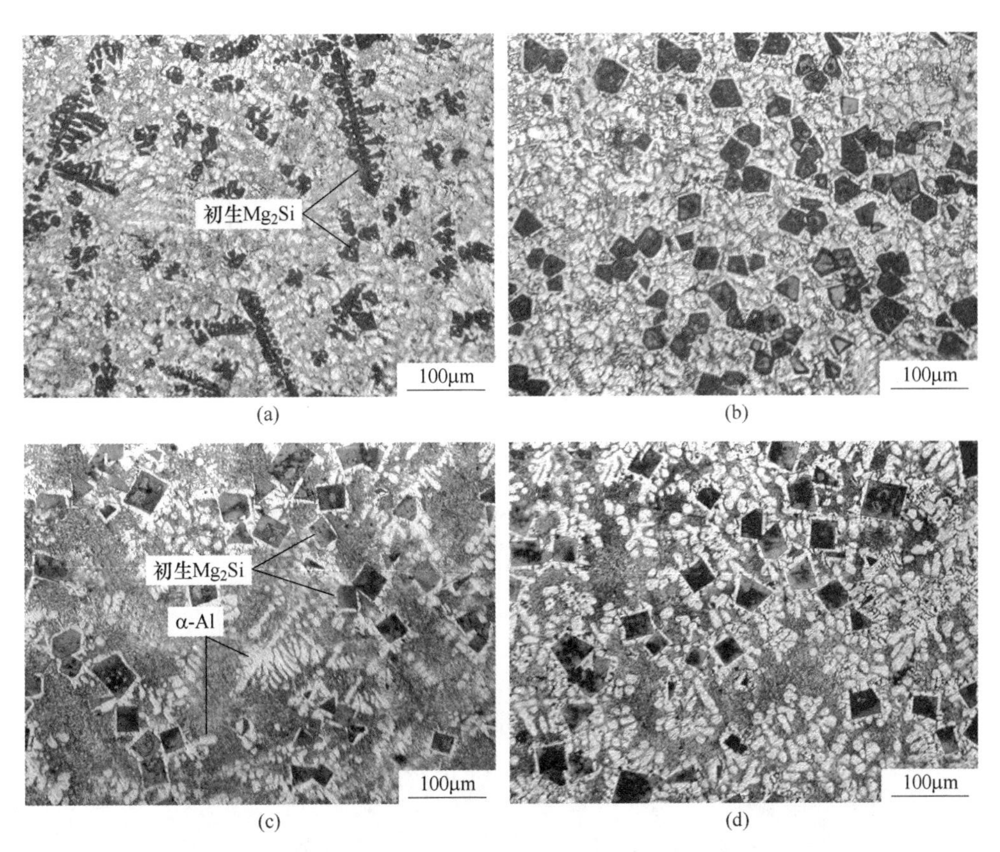

(a) (b) (c) (d)

图 3-22 Sr 含量（质量分数）不同对 Al-Mg_2Si 复合材料显微组织的影响
(a) 0%；(b) 0.05%；(c) 0.1%；(d) 0.15%

定量金相图如图 3-23 所示，体积分数由 21%左右骤然减少到 16%，同时，α-Al 相的体积分数也有明显的增加。当熔体中加入 0.15%（质量分数）的 Sr 时，与 0.1%相比，初生 Mg_2Si 的形态与体积分数不再发生明显的变化，而 α-Al 则变得更加细小（图 3-22（d））。由于在 B 处具有相对较高的冷却速度，因而产生了更加长的枝晶，如图 3-24（a）所示。然而，0.05%（质量分数）Sr 的加入，同样起到了较好的变质作用（图 3-24（b）），长的枝晶组织消失，取而代之的是在高的冷却速度下产生的更加细小的块状 Mg_2Si 颗粒，尺寸为 15μm 左右，这说明，Sr 的变质效果不受冷却速率的影响。

正如前文所讨论的，对于晶体形核和生长的两种作用机理，异质核心和吸附毒化。关于吸附毒化，其作用主要是变质元素吸附在晶体生长界面的前沿，限制了晶体的生长。关于 Sr 对初生 Mg_2Si 晶体的作用机制，本研究认为主要是吸附毒化作用，因为在变质剂 Al-10Sr 中间合金中，仅存在着两种稳定的化合物，Al_4Sr 和 Al_2Sr，其熔点分别为 1040°C 和 936℃[132]，但 Al_4Sr 的晶格常数为 $a=0.446$nm

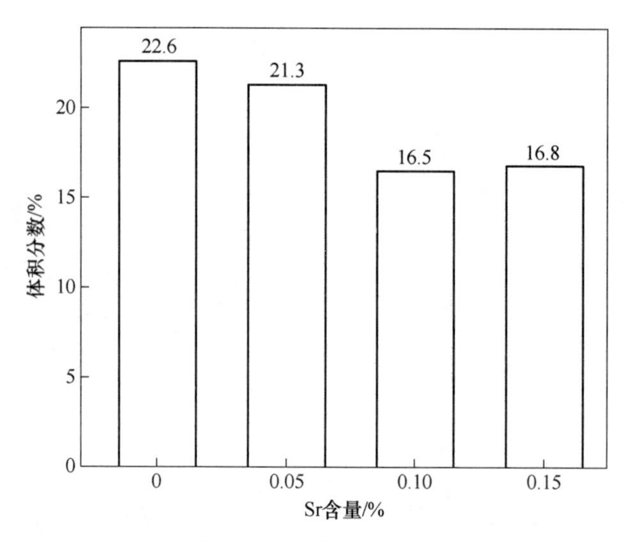

图 3-23　初生 Mg_2Si 体积分数变化柱状图

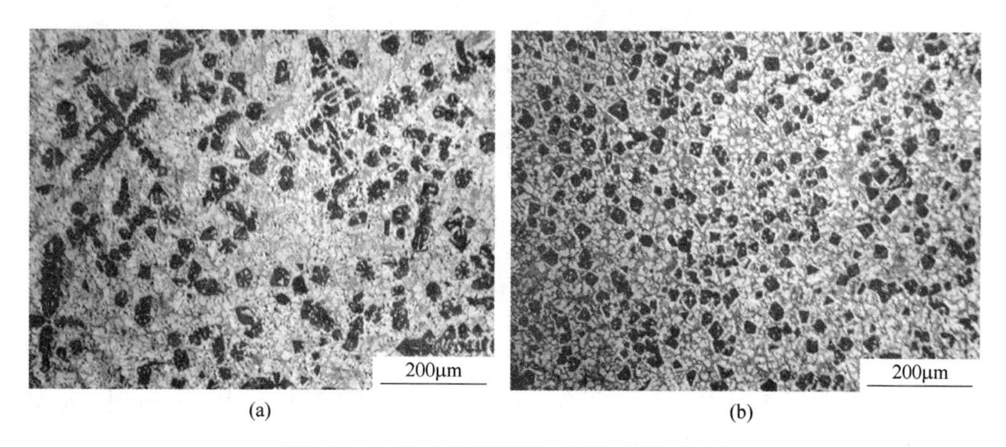

图 3-24　B 处（边缘部位）光学显微组织图
（a）未变质；（b）0.05% Sr 变质

和 $c=1.107$nm，空间构型为四方形，和 Mg_2Si 面心立方构型有着较大的差异，能够作为结晶核心的可能性非常小。而 Al_2Sr，虽然其空间构型与 Mg_2Si 相同，同属于立方晶系，但其晶格常数 $a=0.8325$，也与 Mg_2Si 有着较大的差异。而对于 β-Sr 相，其熔点为 769℃，不具有作为结晶核心的条件，因此，推断出 Sr 的变质作用可能是吸附毒化作用。而 Sr 变质后生长方式以及形貌的转变，也进一步说明 Sr 的吸附毒化作用。对于 Sr 在亚共晶合金中的变质机理，主要由以下几种：Shamsuzzoha 提出的 TPRE 机制认为，共晶生长中硅片的结晶生长前沿往往是孪晶凹谷。变质后，铝液中变质剂原子选择性地吸附富集在孪晶凹谷处，阻滞了硅原子向孪晶凹谷处吸附的速度，使生长受到抑制，晶体生长大部分被迫改变方向，导致硅晶体生长形态发生变化，同时也促使硅晶体发生高度分枝[133]。Shamsuzzoha 和 Hogan 提出的 Zigzag 孪晶生长模型支持了 TPRE 机制，他们认为导致孪晶 Zigzag 生长是由于 Sr 的毒化作用，Sr 原子被排推到界面前沿并不断积累，降低了 Si 的生长速度，直到侧面的孪晶胚获得显著的生长优势。Sr 的加入导致孪晶密度的增加，其原因是 Sr 吸附在 Si 晶体的［111］面上，降低了孪晶边界能[134,135]。据文献报道[136]，过剩的 Sr 能够与铝硅合金熔体中的 Si 发生反应形成 $SrSi_2$、$SrAl_2Si_2$等化合物，所以 Sr 一般不会产生复杂的过变质现象，尽管加入量很大时（0.15wt.%），初生 Mg_2Si 仍然保持着一个较好的形貌。

3.3.2.2　锶对初生 Mg_2Si 晶体生长方式的影响

为了研究在 0.15%Sr 变质的情况下，Sr 对初生 Mg_2Si 晶体生长方式的影响，实验采用了 20%的 NaOH 水溶液，利用萃取的方法获得了 Mg_2Si 晶体的颗粒，如图 3-25 所示。萃取结果显示，经过 0.15% Sr 变质的 Al-Mg_2Si 复合材料中的 Mg_2Si 颗粒为六面体，其中含有典型的立方体和长方体。这些六面体的形成是由于在生长过程中，［111］面生长过快，最终导致其消失而［100］面被保留下来，这些六面体被剖开后其界面恰好为四面体，这与二维的显微组织图是一致的。同时，在复合材料颗粒中还有一些尺寸较小的具有八面体轮廓的十四面体（六八面体），如图 3-26 所示，尺寸为 20μm 左右。此外，在颗粒中还存在着由两个长方体组成的孪晶，如图 3-27 所示。孪晶通常以小平面的方式生长，一个孪晶界面能够作为原子的择优吸附点，形成凹角。越来越多的原子层的加入使得孪晶界向外扩展，因而，如果一个不断生长的初生孪晶形成后，它的两个对等的孪晶晶界也会快速地生长，导致了由两个互相咬合的立方体组成的颗粒形成，而这两个立方体则共享一个孪晶晶向[137]。

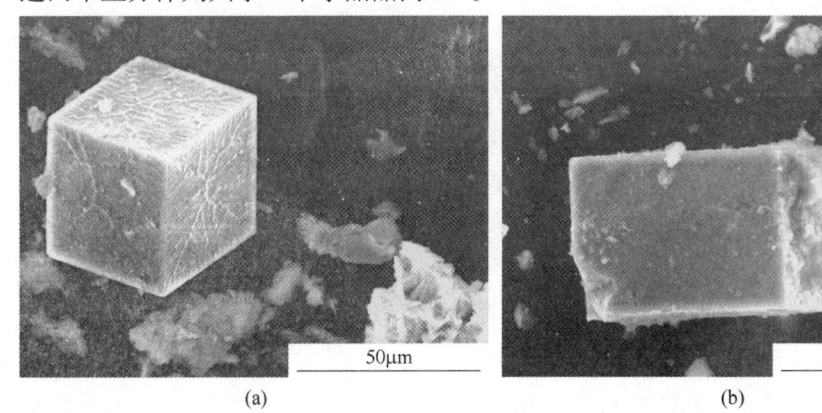

图 3-25　利用萃取的方法从 0.15% Sr 变质的 Al-Mg_2Si 复合材料中获得的 Mg_2Si 颗粒

（a）立方体；（b）长方体

图 3-26　具有八面体轮廓的尺寸较小的十四面晶体

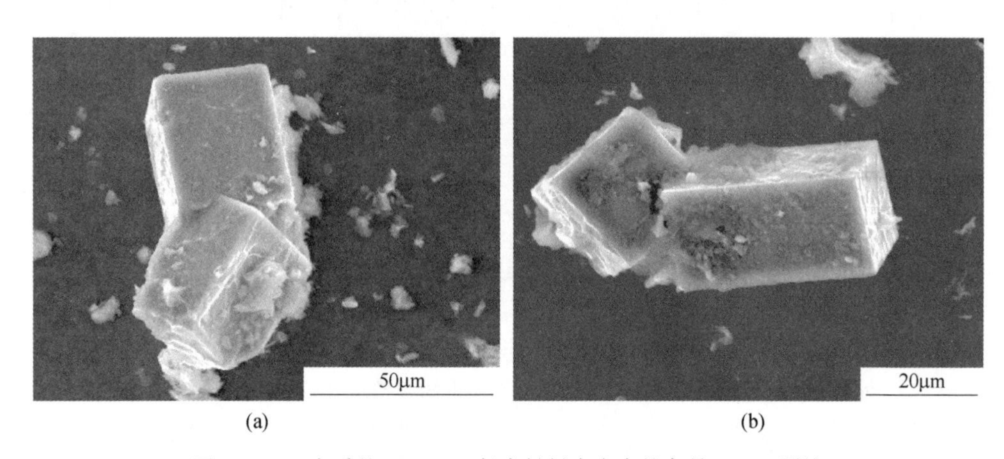

(a)　　(b)

图 3-27　Sr 变质的 Al-Mg_2Si 复合材料中含有的孪晶 Mg_2Si 颗粒

晶体的生长是从形核开始的。在最初的生长过程中，高晶面指数通常生长速度较快而消失，从而形成了小平面的特征[137]。在 0.1%～0.15%Sr（质量分数）加入的条件下，Mg_2Si 的立方体形貌显示出［100］晶面是生长最慢的面。类似的立方体的晶体形貌在其他合金中被发现过，如 Al_3Sc[137]、Al_3Zr[138] 等。然而，未变质的复合材料，Mg_2Si 颗粒是八面体形貌，也就是说［111］晶面是生长最慢而被保留的面。此外，在 0.1%～0.15% Sr 变质的复合材料中，一些细小的 Mg_2Si 颗粒仍然保留着八面体的轮廓，如图 3-26 所示，而这些晶体同时有向立方体转变的趋势。正如上述讨论的，如果 $V_{[100]}/V_{[111]}=\sqrt{3}$ 时，晶体长为八面体；而当 $V_{[100]}/V_{[111]}>\sqrt{3}$ 时，晶体生长为枝晶；反之，$V_{[100]}/V_{[111]}<\sqrt{3}$ 时，晶体为十四面体。也就是说，晶体在生长过程中，由于受到 Sr 的影响，形成十四面体后，随着晶体的不断生长，［100］晶面生长速度 $V_{[100]}$ 不断降低，使得此晶面被保留

的越来越多，相反，［111］晶面则越来越小，最终，［111］晶面消失，［100］晶面被完整地显露出来，从而形成了完美的六面体。根据晶体生长学[139]，在晶体凝固过程中，加入某一元素使晶粒的形态发生改变是可以实现的。例如，NaCl 晶体从溶液中生长时加入尿素，则外形从立方体（由［100］面围成）改变为正八面体，也就是说使［111］面显露出来。而对于 Al-Mg_2Si 复合材料经过 Sr 变质后，与此过程恰好相反，最终［100］面被显露出来。六面体 Mg_2Si 颗粒生长过程示意图如图 3-28 所示，经过形核后生长为八面体，在 Sr 元素的作用下，$V_{[100]}$ 值降低，形成十四面体，但仍然保留着八面体的轮廓（图 3-26），随着晶体的进一步长大，［100］面进一步增大，六面体的轮廓显露出来，最终形成了完美的六面体（长方体或立方体）。

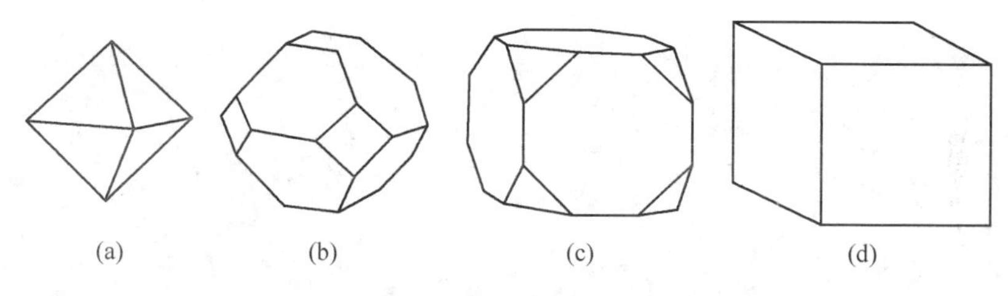

图 3-28 立方体 Mg_2Si 颗粒生长过程示意图

3.3.3 铈对 Al-Mg_2Si 复合材料的变质（组织控制）作用及其机制

稀土元素是周期表中镧系元素和性质相近的同族钇、钪等共 17 个元素的总称。稀土元素比较活泼，熔于铝液中极易填补合金相的表面缺陷，从而降低新旧两相界面上的表面张力，使晶核生长速度增大，同时在晶粒和合金液之间形成表面活性膜，阻止生成的晶粒长大，细化合金的组织。同时，稀土在铝液中能形成金属间化合物，在熔体结晶时作为外来的结晶晶核，因晶核数增加而使合金的组织细化[140]。目前，采用稀土来改变显微组织的研究主要集中在亚共晶铝硅合金方面，而对 Al-Mg_2Si 复合材料的变质研究还较少。因此，本实验以稀土 Ce 为对象，研究 Ce 对 Al-Mg_2Si 复合材料增强相及共晶相的影响。Ce 的加入量分别占合金熔体总重的 0%、0.2%、0.4%、1.0%以及 1.5%。

Ce 加入量分别为 0%，0.2%，0.4%和 1.0%（质量分数）时，典型的显微组织如图 3-29 所示，XRD 分析结果显示变质前后复合材料均由 Mg_2Si、α-Al、Si 和 $CuAl_2$ 相组成。如前文所述，未变质的初生 Mg_2Si 呈现为枝晶，其尺寸为 150μm 左右（图 3-29（a））。当加入 0.2% Ce 后，初生 Mg_2Si 形貌转变为不规则形状，表现为多边形和等轴晶，尺寸减小到 40μm 左右（图 3-29（b）），此外，α-Al 枝晶的尺寸增加。当 Ce 加入量增加到 0.4%时，初生 Mg_2Si 形貌完全转变为多边形，并且尺寸减小到约 15μm（图 3-29（c））。然而，当加入 1% Ce 时，初

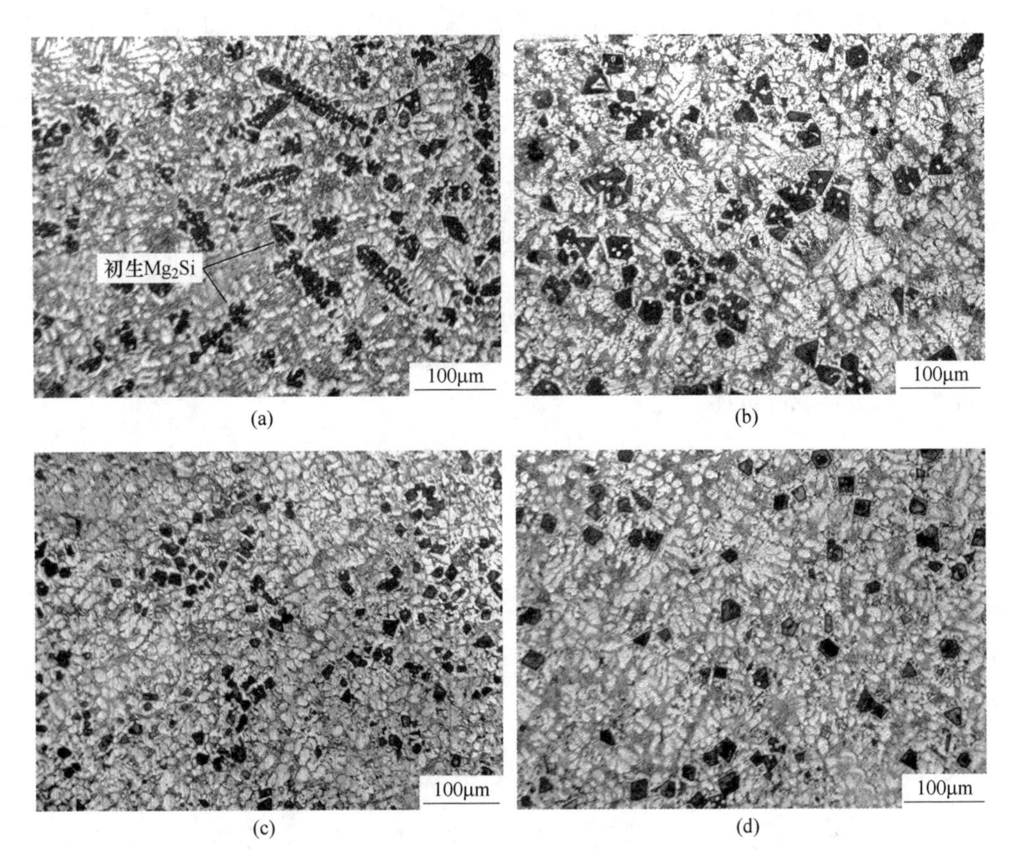

图 3-29　不同 Ce 加入量（质量分数）的 Al-Mg_2Si 复合材料光学显微组织图
（a）0%；（b）0.2%；（c）0.4%；（d）1.0%

生 Mg_2Si 尺寸反而增加到了 30μm 左右（图 3-29（d））。由以上实验结果可知，0.4% 的 Ce 变质能够取得一个较佳的效果。纵观图 3-29（a）~（d），实验同时还发现随着 Ce 加入量的增大，初生 Mg_2Si 相的体积分数逐渐减小，而 α-Al 的量却在增加。

Ce 加入后共晶显微组织的变化如图 3-30 所示。在图 3-30（a）中，未加入 Ce 的复合材料中，共晶 Mg_2Si 和共晶 Si 相均呈现为片状，且以 Al-Si-Mg_2Si 三元共晶为主。当加入 Ce 变质剂后，如图 3-30（b）~（d）所示，共晶 Si 变成了珊瑚状，而共晶 Mg_2Si 则转变成了菊花状，且共晶 Mg_2Si 与共晶 Si 表现为分离的特征，即形成了 Al-Mg_2Si 与 Al-Si 二元共晶。根据文献报道，在过共晶 Al-Si 合金中，Ce 的加入能够导致共晶点向着高 Si 方向移动[141]。目前的研究中，根据成分点和（Al-Mg_2Si）-Si 伪二元相图（图 3-1），以及共晶相的变化显示出在 Al-Mg_2Si 复合材料中共晶点也向高 Si 方向发生了偏移。

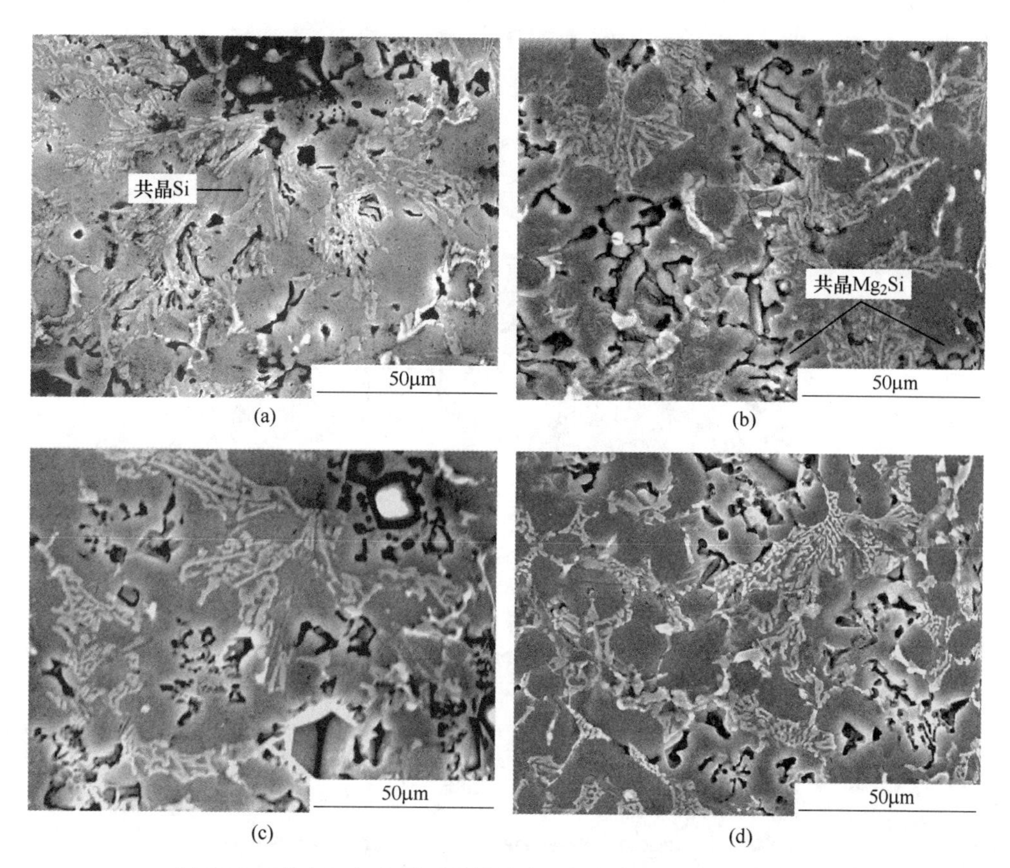

图 3-30 不同 Ce 加入量（质量分数）的复合材料共晶相 SEM 图
（a）0%；（b）0.2%；（c）0.4%；（d）1.0%

图 3-31 显示了 1.5% Ce 加入后的 SEM 图。由图中可以看出当在合金中加入 1.5% Ce 时，出现了一种白色的针状相（图 3-31（a）），其能谱线扫描结果如图 3-31（b）所示。结果显示这种白色的针状相是由 Al、Si、Cu、Ce 四种元素构成，通过对白色针状相取 5 个不同的点进行定量分析，可以得出 Al∶Si∶Cu∶Ce =7∶3.5∶3.5∶1，也就是说，这种化合物可能是 $Al_7Si_{3.5}Cu_{3.5}Ce_1$ 金属间化合物。

稀土 Ce 对原位内生 Al-Mg_2Si 复合材料的变质机理尚不完全清楚，但从其性质和凝固行为分析，Al-Mg_2Si 和 Al-Si 有很大的相似之处。虽然 Mg_2Si 与 Si 晶体结构的空间组群不同，但同为面心立方点阵，Si 晶体是 A4 型结构，四个 Si 原子占据 $\left(000;\ \frac{1}{2}\frac{1}{2}\frac{1}{2};\ \leftarrow\right)$ 位置，另外四个 Si 原子占据 $\left(\frac{1}{4}\frac{1}{4}\frac{1}{4};\ \frac{3}{4}\frac{3}{4}\frac{1}{4};\ \leftarrow\right)$ 位置；Mg_2Si 晶体是 C1 型结构，其中四个 Si 原子也占据 $\left(000;\ \frac{1}{2}\frac{1}{2}\frac{1}{2};\ \leftarrow\right)$ 位置，八个

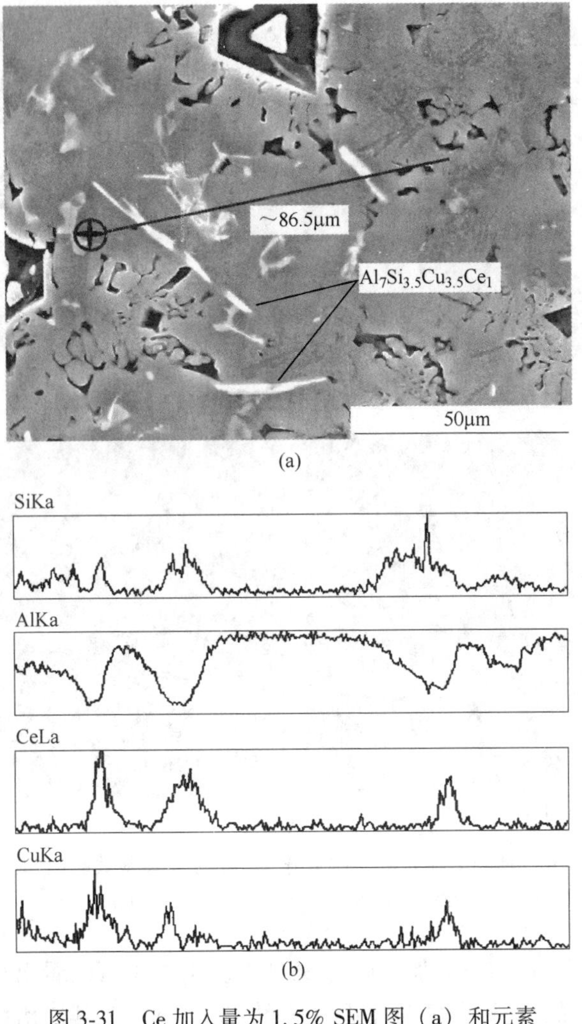

图 3-31　Ce 加入量为 1.5% SEM 图（a）和元素 Al、Si、Cu、Ce 的 EDS 线扫图（b）

Mg 原子中的四个代替 Si 晶体中另四个 Si 原子的位置，占据$\left(\frac{1}{4}\frac{1}{4}\frac{1}{4};\ \frac{3}{4}\frac{3}{4}\frac{1}{4};\ \leftarrow\right)$，其余四个 Mg 原子占据$\left(\frac{3}{4}\frac{3}{4}\frac{3}{4};\ \frac{1}{4}\frac{1}{4}\frac{3}{4};\ \frac{3}{4}\frac{1}{4}\frac{1}{4};\ \frac{1}{4}\frac{3}{4}\frac{1}{4}\right)$[142]。基于以上 Mg_2Si 晶体与 Si 晶体的特征，Ce 在 Al-Mg_2Si 和在 Al-Si 系统中变质机理必然存在极大的相似之处。以前的研究表明，由于 Ce 变质而产生的 TPRE 长大机制对过共晶 Al-Si 合金中的初生 Si 起到了细化作用，并使固液界面的界面能和固态 Si 相的界面能产生变化。相比较，对 Ce 在原位内生 Al-Mg_2Si 复合材料的变质作用可能的解释是：由于稀土 Ce 能改变固液界面的界面能和固态 Mg_2Si 相的界面能，从而

达到了细化初生 Mg_2Si 的目的。

对于共晶 Mg_2Si 相的变化，可以根据伪二元相图来理解。如图 3-1 所示，当未变质时，凝固过程按照式 3-3 进行：

$$L \rightarrow L_1 + Mg_2Si_p \rightarrow L_2 + (Al+Mg_2Si)_e + Mg_2Si_p$$
$$\rightarrow (Al+Si+Mg_2Si)_e + (Al+Mg_2Si)_e + Mg_2Si_p$$

最终生成（Al+Si+Mg_2Si）和（Al+Mg_2Si）相，其中以（Al+Si+Mg_2Si）三元共晶为主。当加入 Ce 后，凝固过程按照下式进行：

$$L \rightarrow L_1 + Mg_2Si_P \rightarrow L_2 + (Al+Mg_2Si)_e + Mg_2Si_P$$
$$\rightarrow (Al+Si)_e + (Al+Mg_2Si)_e + Mg_2Si_p \quad (3\text{-}21)$$

最终导致共晶相（Al+Si）和（Al+Mg_2Si）形式存在，其中以（Al+Mg_2Si）形式为主。这主要是由于共晶点移动导致的，因而使得增强相的体积分数降低，α-Al 体积分数相应增加。

3.3.4 熔体过热处理对 Al-Mg_2Si 材料的组织控制作用及其机制

经过不同的过热温度（处理温度为 720℃、820℃、920℃和 1020℃，分别过热 21℃、121℃、221℃和 321℃）处理的显微组织如图 3-32 所示。当复合材料经过低的过热处理（720℃），和上文研究结果相同，初生 Mg_2Si 相仍然是粗大的树枝晶，尺寸超过了 150μm，如图 3-32（a）所示。当过热处理温度增加到 820℃时，部分粗大的 Mg_2Si 树枝晶转变成了等轴晶，相应的尺寸减小到 80μm 左右，少数的树枝晶保留原貌，如图 3-32（b）所示。然而，当过热温度增加到 920℃时，粗大的 Mg_2Si 树枝晶完全消失，其形貌转变成了不规则形状或者等轴晶，少数为多边形，尺寸进一步减小到 50μm 左右，如图 3-32（c）所示。当过热温度增加到 1020℃时，初生 Mg_2Si 晶体完全转变成了多边形形貌，其尺寸减小至 40μm，如图 3-32（d）所示。经过熔体过热处理后，共晶组织也有相应的变化，如图 3-33 所示，低温（720℃）熔体过热处理时，共晶组织是典型的汉字状形貌，如图 3-33（a）所示。随着温度的增加，即 820℃，汉字状的特征没有明显的变化，仅仅是其尺寸有所减小，如图 3-33（b）所示。然而，当过热温度增加到 920~1020℃时，如图 3-33（c）~（d）所示，共晶 Mg_2Si 相由汉字状已经转变为细小的块状。值得一提的是，经过 720~1020℃的熔体过热处理，共晶 Si 相没有发生明显的变化。为了更加清楚地了解过热处理后初生 Mg_2Si 晶体形貌的变化，深腐蚀的显微组织如图 3-34 所示，其中图 3-34（a）是 720℃过热处理的枝晶形貌，而（b）是 1020℃处理的 Mg_2Si 晶体的形貌。高温处理后，虽然 Mg_2Si 晶体均转变为规则的多边形，但其中仍残留着孔洞，这些孔洞是由于凝固的后期缺乏必要的熔体对流，导致溶质原子不足，从而形成了富铝区，在深腐蚀过程中被 NaOH 腐蚀掉而形成的。

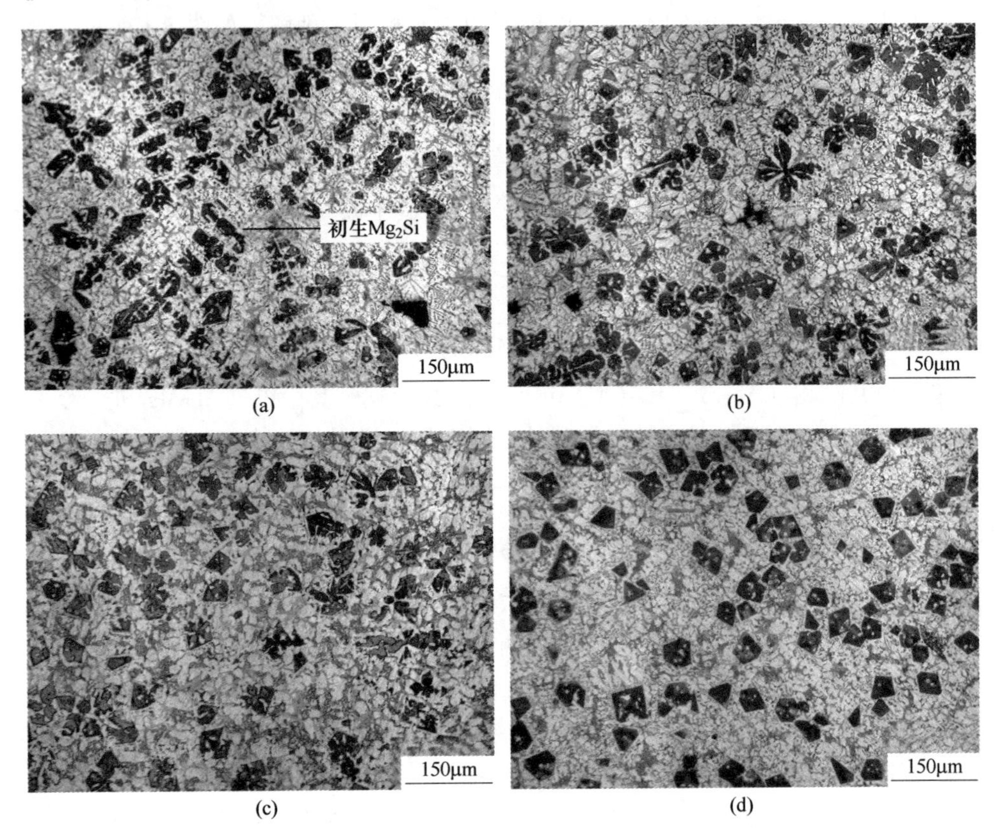

图 3-32　不同的熔体过热温度 Al-Mg_2Si 复合材料显微组织图

(a) 720℃; (b) 820℃; (c) 920℃; (d) 1020℃

通常，当熔体被过热到一定的温度时，显微组织会发生变化[143,144]。Kita[145]认为材料的热历史不同，可能会导致液态结构有所不同。Kysunko[146]研究发现在高温条件下合金熔体的结构可能会发生突然的变化。此外，晶粒的尺寸和异质形核，熔体的过冷以及晶体的熔化机制有一定的关联。一种观点认为晶体的熔化机制是以原子集团为单位的，采取逐渐分裂的方式进行[70]，可表示为：

$$a_{in} \rightleftharpoons a_{(i-1)n} + a_n \tag{3-22}$$

式中，a_n 表示含有 n 个原子集团；a_{in}表示聚集了 i 个原子集团的集合体。在熔化过程中，原子集团由大到小逐渐分裂，当外部条件使分裂终止并保留一部分较小的原子集团时，原始炉料中的一些结构信息就有可能被保留下来，并传递给后来的晶体。对于熔体而言则存在着微观不均匀性，熔体是由成分和结构不同的游动的有序原子集团与它们之间的各种组元原子呈紊乱分布的无序带所组成。在集团的内部原子的排列和结合与原有固体相似，原子集团和无序带均是熔体的独立组

图 3-33 不同的熔体过热温度 Al-Mg_2Si 复合材料共晶相变化

(a) 720℃；(b) 820℃；(c) 920℃；(d) 1020℃

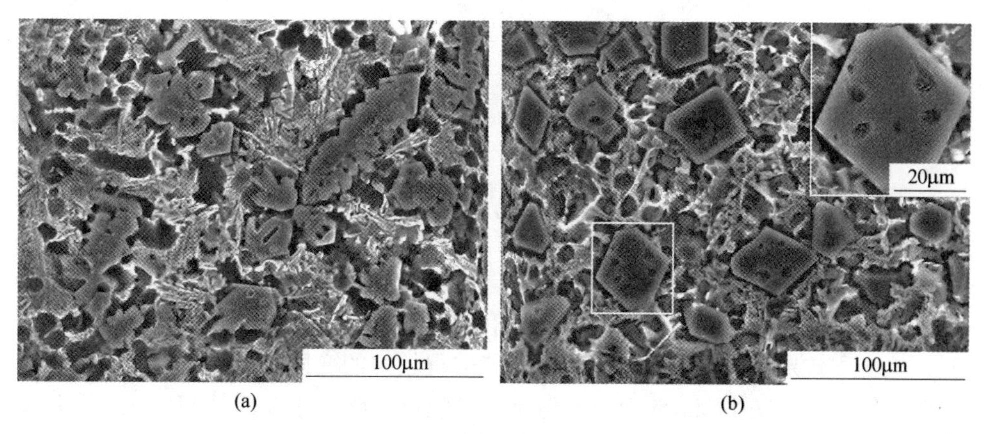

图 3-34 不同熔体过热温度深腐蚀 SEM 显微组织图

(a) 720℃；(b) 1020℃

成物，它们由于热能的起伏不断局部地相互退化和重生，熔体温度越高，集团的尺寸越小，无序区便扩大[70]。同理，在对 Mg_2Si-Al 合金熔体进行熔体过热处理时，同样发生上述的过程。熔体在不同温度时的结构示意图如图 3-35 所示，其中 A 表示一个原子集团，在熔体内存在着大量的原子集团，并且随着过热温度的增加，原子集团变会逐渐分解或者分裂成几个更小的原子集团。当熔体温度达到一个特定的温度区间时，大多数原子集团被破坏，因此，合金元素的分布变得更加均匀，如图 3-35（d）所示，这将直接影响到随后的凝固过程。正如上文所讨论的，当合金熔体被过热到 720℃时，在熔体中存在少量的大的原子集团，如 Al-Si、Mg-Si 以及一些高熔点难熔的化合物，在凝固过程中这些物质首先形核，因而导致了粗大的初生 Mg_2Si 枝晶的形成。当过热温度增加到 920℃或者 1020℃时，大部分的原子集团被破坏或者分解为一些更小的原子集团，合金熔体因此也变得更加均匀。这就直接导致了在后续的形核过程中能达到临界晶核半径的晶核数量减少，因而形核需要更大的过冷度。有研究报道称当对镍基高温合金进行熔体热处理后，其过冷度将会增加 40℃左右[143]，因而经过 Al-Mg_2Si 复合材料熔体热处理，组织发生变化的一个主要的原因是高温下，熔体结构变得均匀，导致过冷度增加，从而组织细化。

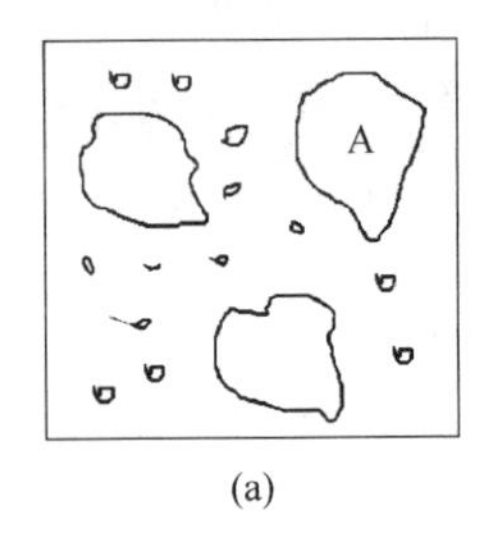

(a)

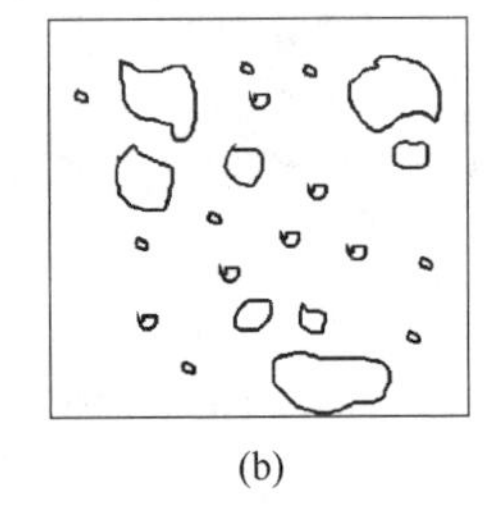

(b)

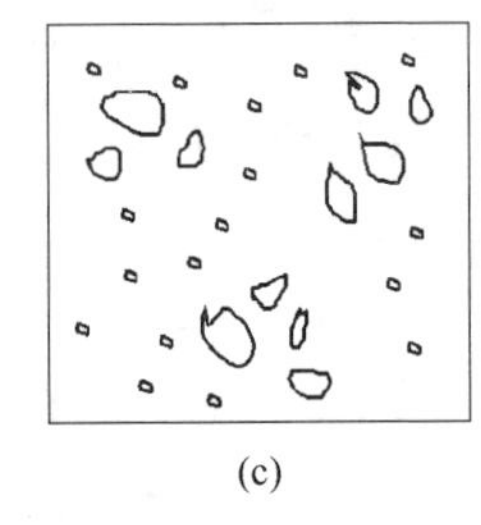

(c)

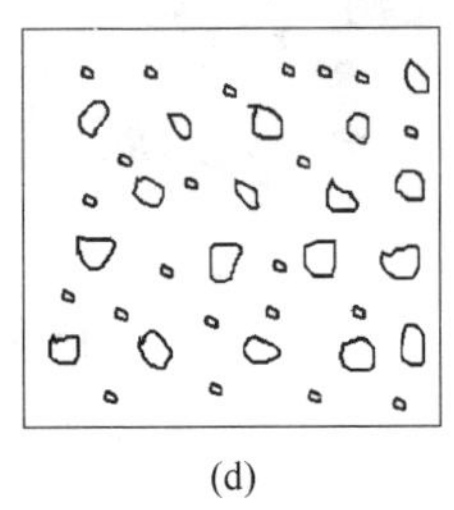

(d)

图 3-35　温度增加过程中原子集团分解示意图

（a）720℃；（b）820℃；（c）920℃；（d）1020℃

3.3.5　组织控制方式的比较

通过以上的研究可以发现，不论是微合金化变质（如磷、锶、稀土等）还是工艺因素变质（过热处理）都可以有效地改变材料的组织特征，控制组织形态。本研究采用的变质工艺，由于在空气中进行过热处理，过高的温度使得合金元素氧化较严重，因此，后续实验中没有采用该方法。对比以上三种微合金化变质，从变质效果上来比较，稀土和磷都能取得较好的变质效果，而锶变质后虽然也明显地改变了初生 Mg_2Si 形态，但是其颗粒尺寸略大于前两种变质元素。从变质机制及颗粒最终形貌上来比较，磷变质是典型的核心作用，初生颗粒的体积分数没有发生明显的变化，颗粒形貌呈现为八面体或者十四面体；锶变质是吸附毒化作用的体现，颗粒形貌表现为独特的六面体或者立方体，同时体积分数也有所减少；稀土变质的机理主要是改变了固液界面的界面能，使形态发生改变，同时伴有体积分数明显减少的现象。从工艺上比较，锶的中间合金和稀土都可以在相对较低的温度加入到合金熔体中，而由于磷铜熔点相对较高，所以加入温度也相对较高，但是这三种变质剂在都已应用于铝合金工业生产中，工艺的角度都具有好的工业化应用前景。此外，根据多次试验发现，磷铜变质具有更加稳定的变质效果。综上，在本研究的后续工作中，所需变质剂均采用磷铜中间合金。

3.4 本章小结

本章对 Al-Mg_2Si 复合材料中增强相 Mg_2Si 的析出、生长机制进行了研究，并探讨了不同的合金元素（变质元素）对 Mg_2Si 形核及生长的作用机制和影响规律，得出如下结论：

（1）理论推断和实验结果显示，Al-Mg_2Si 复合材料按照如下凝固过程进行：

$$L \rightarrow L_1 + Mg_2Si_p \rightarrow L_2 + (Al+Mg_2Si)_e + Mg_2Si_p$$
$$\rightarrow (Al+Si+Mg_2Si)_e + (Al+Mg_2Si)_e + Mg_2Si_p$$

（2）通过熔体单辊旋转技术发现在高冷速条件下 Mg_2Si 生长方式由典型的小平面生长转变为非小平面生长，基于傅立叶一维传热模型，计算出 Mg_2Si 在铝熔体中的生长方式转变的临界冷却速度约为 1.169×10^6℃/s。

（3）实验表明磷能改变铝熔体中 Mg_2Si 相的形貌和初生 Mg_2Si 晶体的生长方式。经过磷变质后，初生 Mg_2Si 相由粗大的树枝状晶体转变为尺寸细小的十四面晶体，变质前后的初生 Mg_2Si 增强相的体积分数没有发生明显的变化。同时，磷还能够改变共晶 Mg_2Si 的形貌，使其由典型的汉字状转变为细小的块状，但是对共晶 Si 的影响不大。磷的加入，能够使初生 Mg_2Si 的生长方式发生改变，使其在生长过程中择优生长的<100>晶向生长速度下降，结果<100>晶向转变为［100］面，从而形成了十四面体。磷起着孕育-变质双重作用机制，即形成的 $Mg_3(PO_4)_2$ 作为 Mg_2Si 的异质核心，使得 Mg_2Si 细化，同时生长方式发生改变。

（4）实验发现金属锶具有改变铝熔体中初生 Mg_2Si 相形貌和生长方式的能力，锶的加入使得初生 Mg_2Si 形貌由树枝状转变为细小的多边形，随着加入量的增大，转变成四边形，即立方体的空间特征。此外，锶的加入，可以降低 Mg_2Si 相的体积分数。锶同时能够导致 Mg_2Si 晶体各晶面生长速度发生变化，使得［100］晶面生长速度降低，［111］晶面生长速度相对较高，导致［111］晶面消失，［100］晶面被完整地显露出来而形成了完美的六面体。推导出变质机理为锶的吸附毒化作用。

（5）实验得出稀土铈对初生 Mg_2Si 相具有较佳的细化效果。稀土铈的引入使得初生 Mg_2Si 形貌转变为细小的多边形，但当加入量超过一定程度，其尺寸又略微增加。Ce 可以使 Al-Mg_2Si-Si 三元共晶相转变为 Al-Mg_2Si 和 Al-Si 的二元共晶相，稀土 Ce 可与合金中的元素形成白色的针状 $Al_7Si_{3.5}Cu_{3.5}Ce_1$ 化合物。经探讨知稀土在铝合金熔体中对 Mg_2Si 的变质机理主要是改变了固液界面能，引起了共晶点的移动，使得共晶相的存在形式发生了变化。

（6）通过熔体过热处理技术，能够改变初生 Mg_2Si 在铝中的形貌。随着过热温度的升高，初生 Mg_2Si 相逐渐由树枝状转变为不规则形状，进而是规则、细小的多边形。共晶相也由粗大的汉字状转变为细小的块状。分析得知过热处理可以消除合金的遗传性，从而改变了合金的组织特征。

4　半固态 $Al\text{-}Mg_2Si$ 复合材料制备及组织特性研究

4.1　引言

半固态加工技术是 20 世纪 70 年代发展起来的一种材料加工工艺，它的特点是能够获得均匀、细小的非枝晶或者球状组织。将半固态加工技术与复合材料的制备结合起来，形成非枝晶状的组织，能够有效地改变材料的力学性能。因此，研究半固态加工技术在 $Al\text{-}Mg_2Si$ 复合材料组织控制中的应用将具有实用价值与理论意义。

本章主要采用应变诱发法，冷斜面技术和等温热处理法制备了半固态 $Al\text{-}Mg_2Si$ 复合材料，并研究了半固态形成过程中的组织演变规律，机制及粗化、球化过程中的动力学及热力学问题。

4.2　应变诱发法制备半固态 $Al\text{-}Mg_2Si$ 复合材料及其机制

在众多半固态坯料制备工艺中，应变诱发法是一种简单可行的方法，是当前实际商业应用的方法之一。采用此方法制备的半固态金属坯料具有纯净、生产效率高等优点。目前应变诱发法制备半固态坯料技术在镁合金方面研究的较多，而对于 $Al\text{-}Mg_2Si$ 复合材料半固态的研究，还未见相关的报道。本节主要研究采用应变诱发法制备半固态 $Al\text{-}Mg_2Si$ 复合材料坯料过程中的组织演变规律及机理。

为了确定固相线和液相线温度，首先进行了 DTA 实验。将 50mg 铸态 $Al\text{-}Mg_2Si$材料放在 DTA 装置里，氩气的保护下以 20℃/min 的速度加热到 700℃，DTA 曲线如图 4-1 所示，可以看出曲线上有三个吸热峰，其最大值分别为 522℃，564℃和 605℃，它们分别对应于熔点，三元共晶温度以及二元共晶温度。在 522℃时，低熔点相，如 $CuAl_2$等首先熔化；当温度升高到 564℃时，三元共晶相开始熔化，此时液相体积分数会明显地增加；而当温度达到 605℃时，熔体内只有少量的初生相没有熔化。值得说明的是，由于受 DTA 设备的精度的限制，曲线上没有显示出液相线温度，也就是初生 Mg_2Si 相的熔化温度，但是这并不影响半固态温度的确定。根据 DTA 分析的结果，等温热处理温度确定为 580℃，即在固相线与液相线温度之间。

图 4-2 显示了铸态 $Al\text{-}Mg_2Si$ 复合材料组织图，同上一章研究结果一致，铸态的 $Al\text{-}Mg_2Si$ 复合材料组织中，初生 Mg_2Si 相无一例外地呈现为粗大的树枝晶，尺

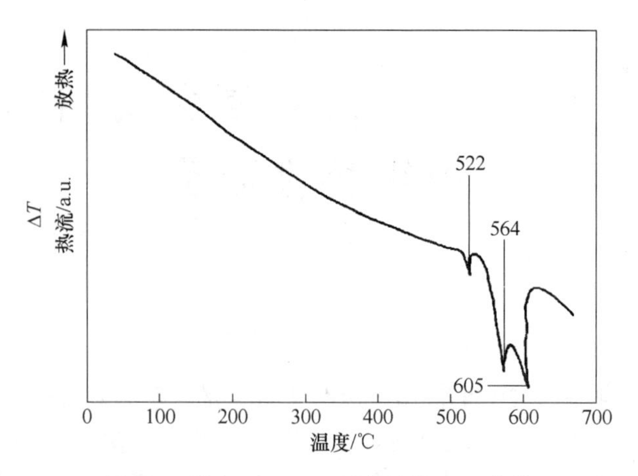

图 4-1　铸态 Al-Mg_2Si 复合材料 DTA 曲线

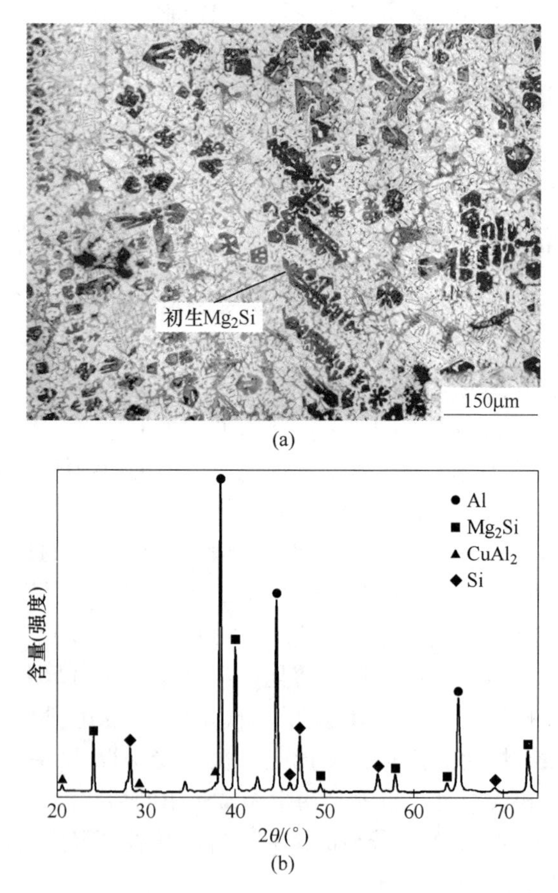

图 4-2　铸态 Al-Mg_2Si 复合材料显微组织（a）和 XRD 图谱（b）

寸超过 150μm，如图 4-2（a）所示。相组成也没有发生明显的变化，仍然是由 Al，Mg_2Si，$CuAl_2$和剩余的 Si 相组成，如图 4-2（b）所示。然而经过半固态加工后，组织却发生了明显的变化。图 4-3（a）～（d）显示了压缩比分别为 16.7%和 33.3%经过不同的等温热处理时间的半固态显微组织。所有样品的显微组织中，初生 Mg_2Si 相均呈现为球形或者椭球形，其尺寸为 25～30μm，但随着保温时间和压缩比的增加，其尺寸和形貌并没有发生明显的变化。初生 α-Al 随着保温时间和压缩比的变化却在改变，如图 4-3（a）所示。当复合材料压缩比为 16.7%，保温时间为 30min 时，α-Al 呈现为蔷薇状，此外还有许多细小的 Al 颗粒在液相中，且与球形的 α-Al 相连接。一种解释是早期在对铸态的复合材料等温热处理过程中，由于最后凝固的低熔点相溶解，导致了互相交织成网络状的枝晶断裂，这些断裂的枝晶与 α-Al 晶粒分离，并以液相的形式在每个晶粒的内部形成[147]，从而导致了蔷薇状的 α-Al 形成。当等温热处理时间增加到 60min 时，如图 4-3（b）所示，α-Al 转变为球形，其尺寸增大到 100μm 左右。当复合材料

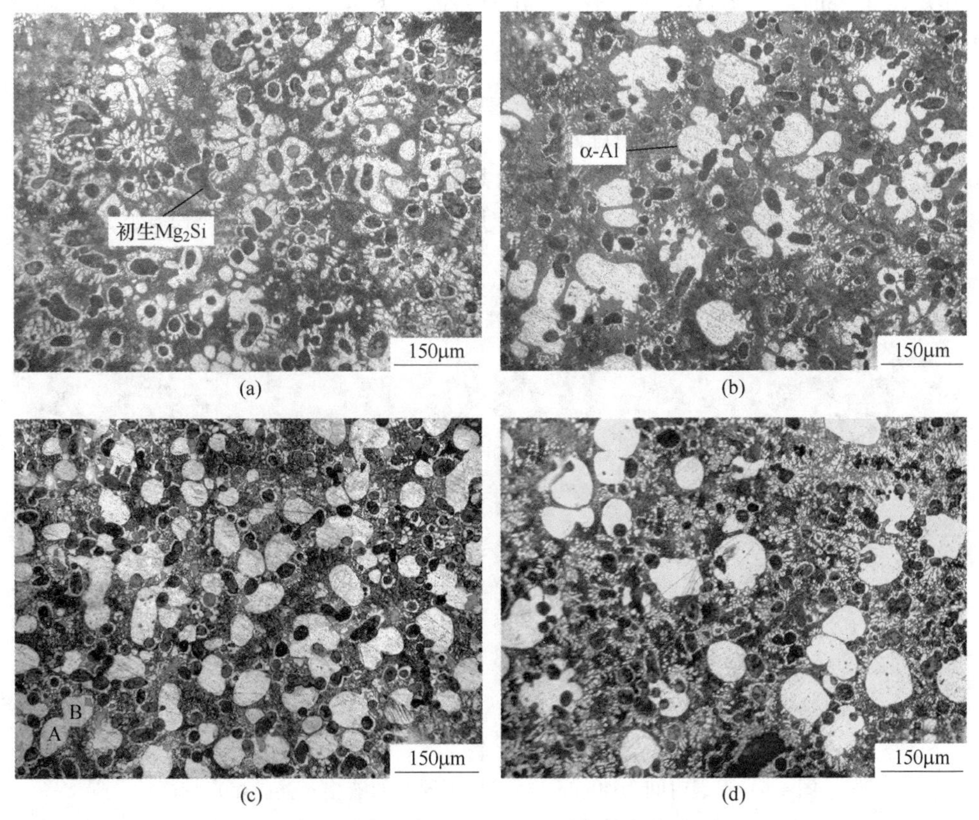

图 4-3 半固态 Al-Mg_2Si 复合材料显微组织

（a）压缩比为 16.7%，保温时间为 30min；（b）压缩比为 16.7%，保温时间为 60min；（c）压缩比为 33.3%，保温时间为 30min；（d）压缩比为 33.3%，保温时间为 60min

压缩比为 33.3%，保温时间为 30min 时，α-Al 呈现为球形或者椭球形，尺寸为 60μm 左右，如图 4-3（c）所示。当热处理时间增加到 60min 时，α-Al 尺寸增加到 80μm 左右，如图 4-3（d）所示。此外，在液相里也存在着许多细小的 Al 晶粒，且同样与球形 α-Al 相连。文献［148］也发现了这个现象。同时，大多数的球形初生 Mg_2Si 颗粒均匀地分布于晶界处的液相内，只有少数被捕获到 α-Al 晶粒内部。

保温时间为 40min，压缩比分别为 16.7%和 33.3%被保留的液相（共晶相）形貌如图 4-4 所示，其中（a）压缩比为 16.7%，（b）压缩比为 33.3%。根据第三章中的实验结果，铸态组织中共晶相主要是呈现为粗大的板条状或片状，且 Mg_2Si 与 Si 主要是以（Mg_2Si+Si+Al）三元共晶的形式存在。然而，当经过 16.7%的压缩变形、等温热处理之后，如图 4-4（a）所示，液相主要是以 Al+Si 和 Al+Mg_2Si 二元共晶的形式存在，且不论共晶 Mg_2Si 还是共晶 Si 相，都变得十分细小。然而，当经过 33.3%压缩变形之后，如图 4-4（b）所示，共晶相同样比较细小，但是，少量的共晶 Mg_2Si 相存在形式发生了变化，为（Al+Mg_2Si+Si）的三元共晶形式。此外，对比图 4-4（a）与（b），共晶 Mg_2Si 的尺寸均大于共晶 Si 的尺寸，这主要是在凝固过程中结晶顺序不同导致的。根据上一章研究结果，凝固过程中共晶 Mg_2Si 相首先形成，然后共晶 Si 相才能形成，由于试样等温热处理后需要进行水淬处理，后形成的共晶 Si 相生长时间相对较短，因而共晶 Mg_2Si 的尺寸略大于共晶 Si 的尺寸。而对于少部分二元共晶 Mg_2Si 转变为三元共晶，主要是由于在压缩比增大的情况下，产生了更高的晶界能，使得晶界处的物质发生迁移，经过重熔与凝固，形成了三元共晶。

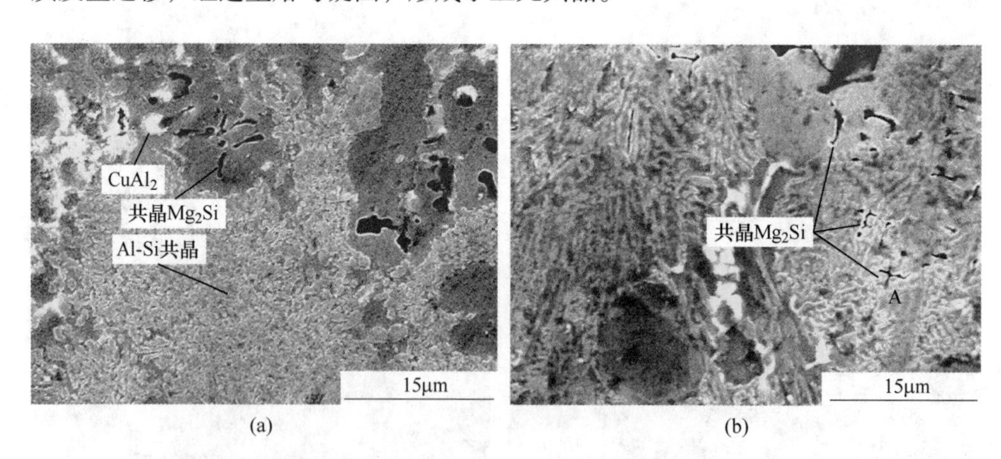

图 4-4　保温时间为 40min，压缩比不同时的液相（共晶相）特征
（a）压缩比为 16.7%；（b）压缩比为 33.3%

经过变形后，初生相和共晶相均转变为球形，主要是由于晶界变形-再结晶

引起的[149,150]。对铸件施加变形后，复合材料内部的空位、位错密度增加，虽然在变形过程中绝大多数能量以热能的形式释放出来，但是不可避免地仍有小部分被存储下来，这些能量使得合金中的空位、位错密度增加。在对铸件等温热处理过程中，温度的升高，导致原子的活动能力增强。为了降低系统的能量，复合材料中的空位将会发生合并，位错会发生移动和攀移，结果合金组织中发生回复和再结晶[151]。形变后热处理过程中组织转变示意图见图 4-5，（a）为原始的铸态材料，黑色相表示 α-Al，灰色相表示初生 Mg_2Si 枝晶，此时未经过形变。经过形变和热处理后的组织如图（b）~（d）所示，枝晶由于受到径向压缩而变形，或者出现可能的断裂，位错密度和晶界能增加。经过等温热处理后，如图（b）所示，初期，少量共晶相熔化，未熔化的固相（Al，初生 Mg_2Si 相）形成了一个固相构架，这个构架是由晶粒通过低能（角度）晶界连接而成的。随着保温时间的增加，液相体积分数逐渐增加，同时，固相的枝晶在曲率较高处（也就是枝晶的端部）首先溶解到液相中去，使得固相的晶体或枝晶出现钝化现象。当液相量达到一定程度时，局部液相互相贯连。由于枝晶的二次枝晶臂的根部在凝固过程中溶质富集，所以其熔点相对较低，由热扰动所造成的熔化正好在该部位上[152]，如图（c）所示。随着保温时间与温度的增加，此处固相逐渐溶解到液相中去，从而使得完整的树枝晶变为若干个蔷薇状或其他不规则形状的晶粒。随着时间的进一步增加，蔷薇状的晶粒其曲率高处也渐渐溶解到液相中去，使得晶粒呈现为规则的球形，另一方面也使晶粒的尺寸减小。在这个过程中，某些粒径较小的晶粒会全部溶解到液体中而消失，或者变成更小的晶粒而沉淀到液相中去，如图（d）和（e）所示。与此同时，α-Al 相的粗化熟化和颗粒的合并同时进行，据文献报道[153]，颗粒合并的速度与相邻颗粒的数量成正比，随着液相分数的增加，

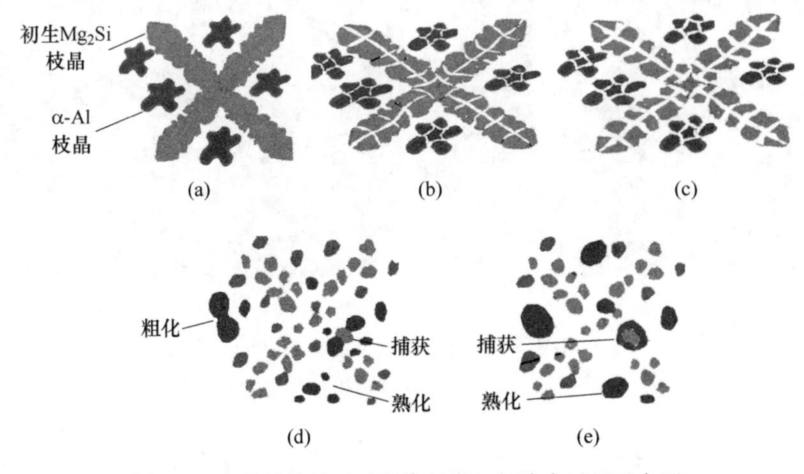

图 4-5 变形后热处理过程中显微组织演变过程示意图

Al 相晶界发生迁移且伴随着合并，并占据主导地位。然而在液相分数较高和保温时间较长时，粗化熟化占主导地位，促使 Al 相颗粒直径增大。在等温热处理过程中，也有再结晶过程发生，在图 4-3 中液相内细小的 Al 晶粒就是通过再结晶形成的。再结晶的发生是由于熔体内部储存有点阵畸变能，而点阵畸变能储存的量又和变形量密切相关，也就是说，变形量越大，存储的点阵畸变能越高，越容易发生再结晶。

4.3　冷斜面技术制备半固态 Al-Mg_2Si 复合材料及其机制

冷斜面技术由日本学者首先提出[154]用来制备铝合金与镁合金半固态材料的一项专利技术，曾被认为是制备细晶材料的一种简单工艺，并称之为被动凝固。作为一种新的半固态成形技术，冷斜面技术具有设备简捷、易于实现等优点。冷斜面技术制备半固态 Al-Mg_2Si 复合材料的实验工艺如图 2-5 所示，其中斜板材料为纯铝。

4.3.1　半固态组织的形成及其机理

采用此种技术制备的复合材料显微组织如图 4-6 所示，其中（a）为铸态组织，（b）为经冷斜面后凝固的显微组织。经比较可以看出，Al-Mg_2Si 复合材料经过冷斜面凝固后，一个典型的特征就是大部分的 α-Al 呈现为尺寸 10μm 左右的球形颗粒，而初生 Mg_2Si 相仍然表现为粗大的枝晶，与铸态组织相比较，枝晶有被破碎的迹象。

图 4-6　铸态 Al-Mg_2Si 复合材料显微组织图（a）和冷斜面法制备 Al-Mg_2Si 复合材料显微组织图（b）

有关半固态坯料中非枝晶组织形成与演变过程，有着众多的理论。在传统的理论中，非枝晶的球状组织主要由以下四种原因引起[155~157]：其一，枝晶臂变形机制，包括机械折断与枝晶臂塑性弯曲诱导根部再结晶断裂两种方式。凝固中的枝晶受剪切力作用发生塑性变形，一方面可以发生机械折断，另一方面枝晶臂发生弯曲。而当其弯曲角度约大于20°时，二次枝晶臂根部发生液相浸润与再结晶，使二次枝晶臂与主干分离，发生破碎与球化[155]。其二，枝晶臂熔断机制。由于热流的扰动，使积聚较多低熔点物质的枝晶臂根部产生局部熔断而发生球化[155]。其三，枝晶塑性变形诱导球化机制。具有枝晶组织的固态坯料产生塑性变形，枝晶破碎后经半固态等温处理后使晶粒球化[155]。其四，枝晶抑制生长机制。凝固中的金属处于均匀温度场与成分场中，晶粒生长成为球状晶[155]。很显然，冷斜面技术在制备半固态坯料过程中，既有机械折断，又有凝固过程中的形核因素，是多种原因的交互作用。日本学者 Motegi[154]认为冷斜面技术是由于形核作用导致的组织形貌发生了变化，也就是在冷却板表面产生的大量晶核被带到铸模中，从而使合金发生细化和球化。管仁国等人[155~157]采用冷斜面技术制备 Al-Mg 合金以及 1Cr18Ni9Ti 半固态坯料，结果发现在显微组织内有枝晶被拉长的现象以及破碎的枝晶臂留下的痕迹。因此，冷斜面技术的机理不仅仅是异质核心的增多，而且同样存在枝晶臂的弯曲与折断。本研究中，α-Al 形貌的变化，是由异质核心增多与机械剪切双重作用导致的。也就是说，当合金熔体与冷斜面接触的瞬间，熔体迅速达到了形核的临界过冷度，形成了大量的晶核。这些晶核随着熔体流入到铸型中，作为异质结晶核心，从而使得 α-Al 形貌发生了变化。另外一种原因就是在斜面上形成的晶核，在流入铸型之前已经长大为枝晶，而这些枝晶在斜面上随着流体的流动发生了剪切、搅拌，使得枝晶被破碎。而这些破碎的枝晶流入到铸型后，作为新的核心或生长的基底，使得 α-Al 枝晶被拉长或者球化。对于初生 Mg_2Si 枝晶而言，根据相图，初生 Mg_2Si 枝晶在很高的温度就可以形核、结晶，而形成枝晶，所以合金熔体浇注到冷斜面后，主要以枝晶破碎为主。

将采用冷斜面技术产生的铸件在 560℃ 进行等温热处理并保温不同的时间后，其显微组织如图 4-7 所示，（a）~（d）分别是保温时间为 30min，60min，180min 和 600min。由图 4-7（a）可以看出，在进行 30 分钟等温热处理后，α-Al 晶粒的尺寸为 51μm 左右，仍然为球形，极少数为蔷薇状；初生 Mg_2Si 相尺寸减小，大部分表现为不规则形状，极少数表现为球形，仍然留有枝晶的痕迹。随着等温热处理时间增加到 60min，如图 4-7（b）所示，α-Al 晶粒的尺寸增加到了 85μm 左右，蔷薇状的特征几乎消失，取而代之的是规则的球状；同时，初生 Mg_2Si 形貌转变为细小的球形或者为长条状，尺寸为 50μm 左右。液相数量明显增加，并且在液相内形成了许多细小的 α-Al 晶粒，如图 4-7（b）中白色箭头所示。Manson-Whitton[158~159]认为当固相体积分数低于 0.5 时，溶解的固相将会在液相内发生沉积现象。本研究中这种细小的晶粒可能有两种途径产生：其一是 Al-Si、Al-Mg_2Si 或者 Al-Mg_2Si-Si 相中的共晶 Al 相在加热的过程中熔化，并在长时间保温的过程中再结晶而形成沉淀；另外一种可能就是保温过程中发生粗化的同时，也在发生溶解，这是一个动态的过程，溶解的 α-Al 在液相内沉积，结晶形成。图 4-7（c）显示了保温 180min 时显微组织的特征，可见液相体积分数进一步增大，α-Al 晶粒的尺寸也进一步增大，平均尺寸达到了 111μm 左右，液相中仍然存在着大量细小的 Al 晶粒。同时，较大的 α-Al 晶粒周围产生了一些柱状 Al 晶粒，如图 4-7（c）中黑色箭头所示。初生 Mg_2Si 相形貌及尺寸则变化不大。当保温时间增加到 600min 时，如图 4-7（d）所示，α-Al 晶粒的尺寸增加到了 149μm 左右，但是形貌仍然是圆整的球形，此外，初生 Mg_2Si 尺寸也有所增加，形貌却没有发生明显的变化。液相中细小的 Al 晶粒有了明显的减少，固相体积分数与图 4-7（c）相比反而减少了，较大的 α-Al 晶粒周围与之相连的细小的柱状 Al 晶粒也明显减少了。

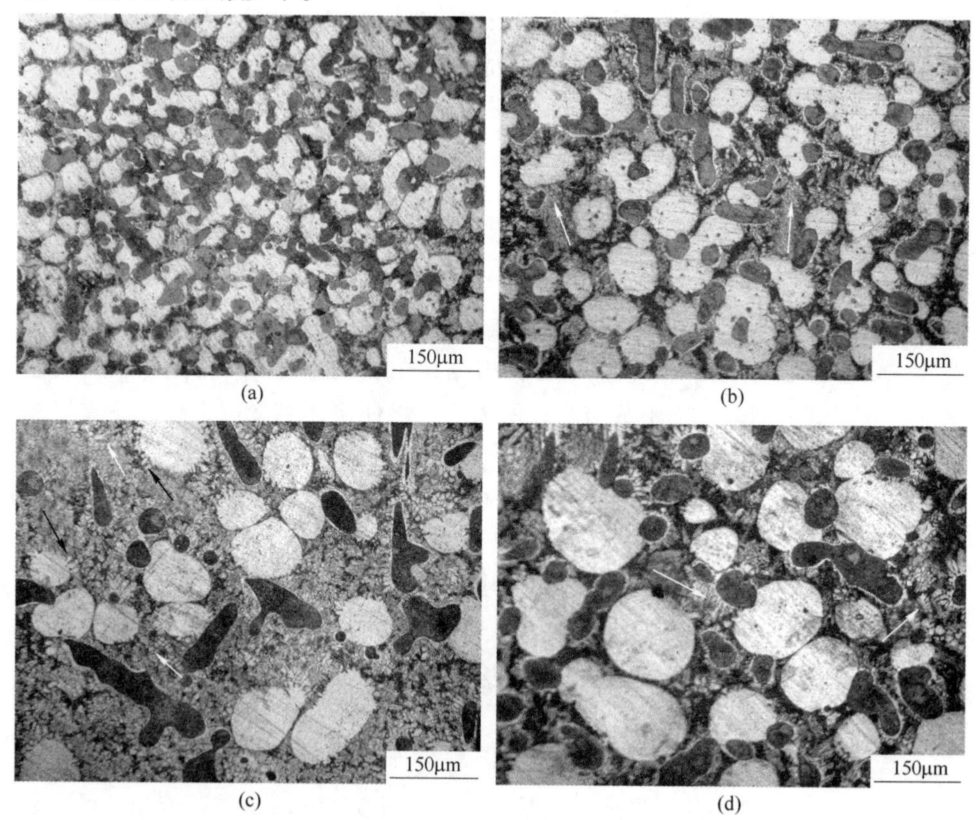

图 4-7 冷斜面法制备的 Al-Mg_2Si 复合材料经过不同时间等温热处理的显微组织

（a）30min；（b）60min；（c）180min；（d）600min

为了研究 α-Al 晶粒周围细小的柱状 Al 晶粒的组织特征，高倍的金相图如图 4-8 所示，其中（a）和（b）保温时间分别为 180min 和 600min，可以清晰地显示出柱状 Al 晶粒与椭圆形的 α-Al 相连，并有继续生长的趋势，如图中标注的黑色箭头。晶界中沉积的细小的 Al 主要是 Al 与 Si 或者 Al 与 Mg_2Si 形成的二元共晶相。然而当保温时间为 600min 时（图 4-8（b）），α-Al 周围的柱状 Al 明显减少。这些细小的 Al 的柱状晶的形成，主要是由于保温的过程中，液相中的 Al 不断的迁移、运动，并且以 α-Al 晶粒为形核沉底，生长而成。与此同时，较大的 α-Al 晶粒在曲率较高处被液相溶解，使得球状变得更加圆整。通常，在平衡条件下，液相体积分数与固相体积分数的关系仅仅和温度有关，根据 Scheil 方程（公式（4-1）），液相体积分数 f_L 与相关参数有如下关系：

$$f_L = \left(\frac{T_M - T}{T_M - T_L}\right)^{-1/(1-K_0)} \tag{4-1}$$

式中 T_M——纯金属的熔点；

T_L——合金的液相线温度；

K_0——溶质平衡分配系数；

T—— 热处理温度。

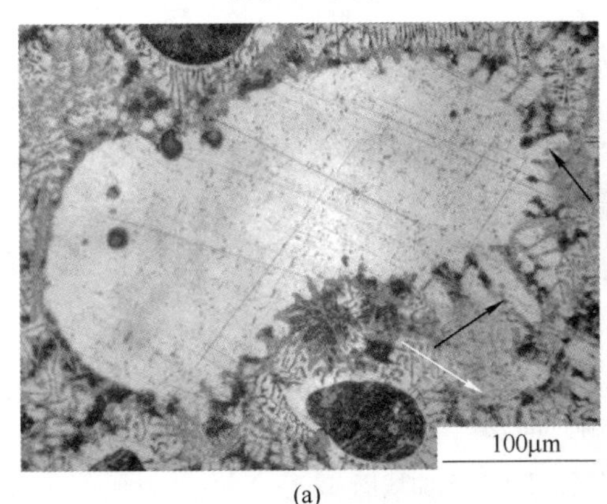

(a)

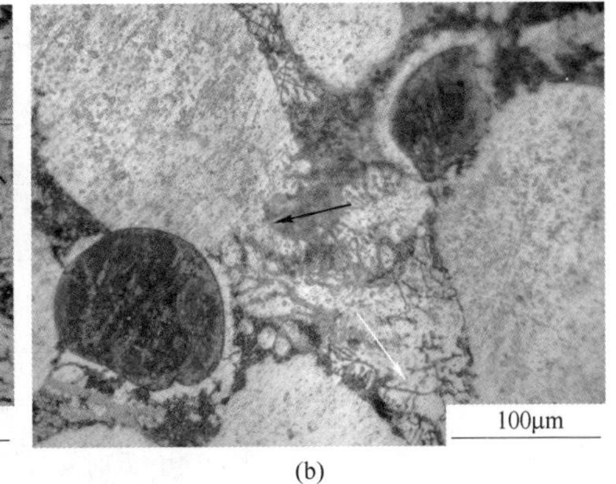

(b)

图 4-8 不同的保温时间后形成的细小的 α-Al 晶粒的显微组织

（a）180min；（b）600min

然而，在这里，除了 T，其余的参数均为常数，所以固液体积分数仅仅和热处理温度有关系。但是，本研究发现随着保温时间的增加，固液体积分数不断地发生变化，表现为先增大，后减小的趋势。Poirier[160] 在研究 Al-Cu 合金的等温热处理晶粒的粗化行为时，发现随着保温时间的增加，液相体积分数缓慢地减少。事实上，保温过程是一种非平衡状态，晶粒在不断地粗化、熟化，而同时又在不断地溶解。在保温的初期，溶解为主，所以液相体积分数迅速增加，进而转变为粗化、熟化为主，使得液相体积分数减少。

4.3.2 晶粒粗化机制

保温时间与 α-Al 晶粒的尺寸关系如图 4-9 所示，由图可以看出随着保温时间的增加，晶粒的尺寸迅速增加，当保温时间超过 180min 时，晶粒尺寸增加的速度开始变慢，即整个增加的过程呈现为抛物线规律。其中一种粗化机理为两个晶粒连接到一起形成了一个更大的晶粒[147]，另外一种粗化机理是类似于 Ostwald 熟化机制[159]，即大的晶粒生长，小的晶粒溶解，这一点从热力学上也能给予证实。假设 α-Al 球不是理想的球形，那么必然有曲率半径较小的突出部分 r_1，还有曲率半径较大的相对平滑的部分 r_2，在恒温、恒压、恒容的条件下，晶粒的表面能 G 为：

$$G = A\sigma \tag{4-2}$$

式中 A——Al 晶粒的表面积；

σ——固体的表面张力。

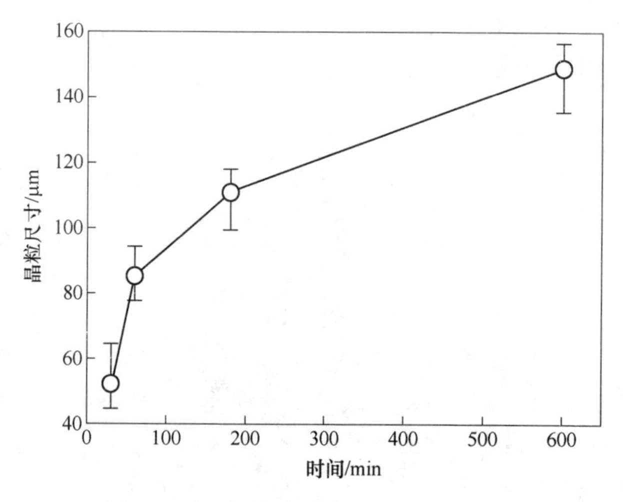

图 4-9 保温时间与晶粒尺寸关系曲线图

表面能变化 ΔG 有如下关系：

$$\Delta G = \Delta A\sigma = 2\Delta V\sigma \frac{1}{r} \tag{4-3}$$

式中，ΔV 为摩尔体积变化。由于曲率半径的不同，根据 Gibbs-Thomson 公式[161]，r_1 与 r_2 之间存在着自由能的差值：

$$\Delta G = 2\Delta V\sigma\left(\frac{1}{r_1} - \frac{1}{r_2}\right) \tag{4-4}$$

假设 $r_1<r_2$，则 $\Delta G>0$，能够推出曲率较大处有着较高的自由能，从而使得熔点降低，降低值 ΔT 为：

$$\Delta T = T_m - T_s \tag{4-5}$$

式中，T_m 为平衡状态下固相颗粒的熔点，而 T_s 为固相颗粒曲率较大处的熔点。根据热力学计算公式[84]，

$$\Delta G = \Delta H - T_s \Delta S = \frac{\Delta H(T_m - T_s)}{T_m} = \frac{\Delta H}{T_m}\Delta T \tag{4-6}$$

式中，ΔH 和 ΔS 分别是自由焓和自由熵的变化。联立式（4-4）与式（4-6），得下式：

$$\Delta T = \frac{2\sigma \Delta V T_m}{\Delta H}\left(\frac{1}{r_1} - \frac{1}{r_2}\right) \tag{4-7}$$

假设 $r_2 \to \infty$[84]，由于曲率半径的影响而导致球状晶粒熔点下降的数值为：

$$\Delta T = \frac{2\sigma \Delta V T_m}{\Delta H}\frac{1}{r} \tag{4-8}$$

对于半径分别为 r_1 与 r_2，且 $r_1>r_2$ 的两个晶粒，根据式（4-8）则有：$\Delta T_1 < \Delta T_2$。即半径较小的晶粒熔点下降较多。根据（Al-Mg_2Si）-Si 伪二元相图（图 3-1），其液相线近似为直线，且斜率 $m_L<0$（值得说明的是，由于本研究中第一初生相 Mg_2Si，熔点较高，且在半固态保温过程中，其尺寸基本不变，所以本节所讨论的球状晶主要是初生 α-Al，故将初生 α-Al 析出的温度视为液相线温度，在相图中对应的线视为液相线）。合金相图的示意图如图 4-10 所示，溶质浓度为 c_L 时，液相线温度为 T_L。由图中可以看出，当 $\Delta T_1 < \Delta T_2$ 时，所对应的溶质浓度 c_1，c_2 有 $c_1 > c_2$，也就是说曲率半径的不同导致了其前沿溶质浓度产生差异，半径越大的 Al 晶粒，其前沿溶质浓度越高，相反，对于半径小的晶粒则越小。根据溶质传输原理[119,162]，溶质会自发地由高浓度向低浓度区扩散，即由半径大的晶粒向半径小的晶粒扩散。根据平衡凝固溶质再分配原理，半径大的晶粒前沿的液相中溶质浓度将会降低，从而使得该处溶质易于向前生长，而对于半径小的晶粒而言，

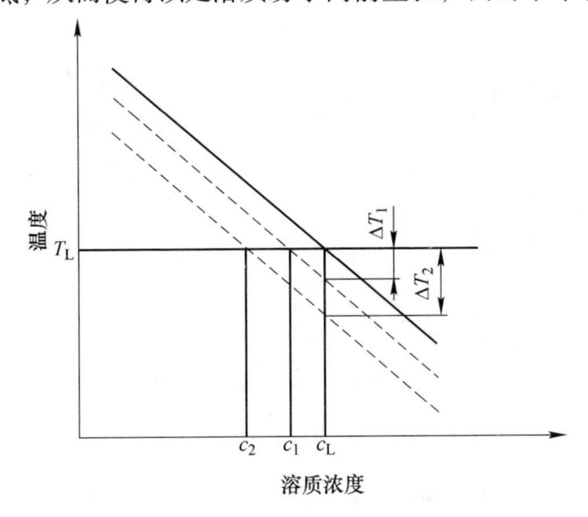

图 4-10 （Al-Mg_2Si）-Si 相图示意图，实线为液相线

液相中的溶质浓度升高，使得此处的熔点进一步降低，导致进一步溶解。也就是说，保温过程中，大晶粒长大，小晶粒变小。

动力学方面，通常用式（4-9）来描述通过扩散实现粗化的系统，包括混杂的固液界面[159]：

$$d^n - d_0^n = Kt \tag{4-9}$$

式中　d——经过保温 $t$min 之后的晶粒直径；

d_0——原始的晶粒直径；

K——粗化速率常数；

n——粗化指数；

t——粗化时间。

对于 Al-Mg_2Si 复合材料的粗化数据，分别选择 $n=2$ 和 $n=3$，绘制 d^n 与时间 t 的关系曲线，如图 4-11（a）和（b），当 n 值分别为 2 和 3 时，其 d^2-t 关系直

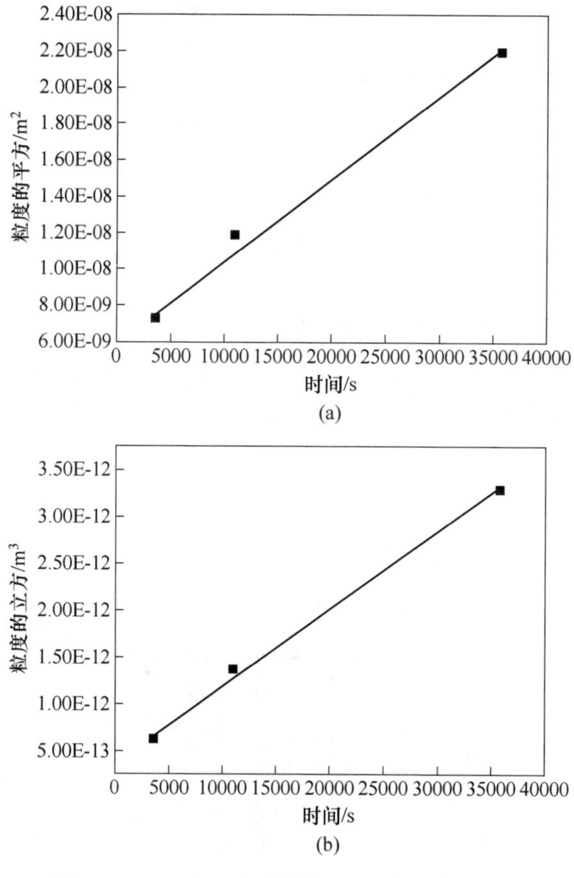

图 4-11　Al-Mg_2Si 粗化数据的 d^n 与 t 关系曲线

（a）$n=2$；（b）$n=3$

线的斜率分别为 $4.48\times10^{-13}m^2/s$ 和 $1.02\times10^{-16}m^3/s$，即在方程（4-9）中平方和立方的粗化速率常数分别为 $4.48\times10^{-13}m^2/s$ 和 $1.02\times10^{-16}m^3/s$。同时，由图中可以明显地显示出 n 值取 3 时比取 2 更符合直线规律，故本研究中取 $n=3$，即立方粗化，同时计算得出本节研究中粗化速率常数 $K=1.02\times10^{-16}m^3/s$（立方粗化速率常数）。

4.3.3 形状因子变化规律

在衡量球状晶粒的圆整度时，通常采用测量其二维的组织特性来表征，同时，引入了形状因子的定义[163]。将形状因子 F_0 定义为如下关系式：

$$F_0 = \frac{4\pi A_0}{P_0^2} \tag{4-10}$$

式中 A_0——二维晶粒的面积；

P_0——二维晶粒的周长。

当整个晶粒是圆形时，F_0 的值为 1，相反，则无限接近 0。根据统计数据，保温时间与形状因子的关系曲线如图 4-12 所示，可见随着保温时间的增加，α-Al 晶粒的形状因子快速地增加，然后增加速度变得缓慢。根据文献报道[164]，在固相体积分数相对较高的情况下，随着保温时间的增加，固相颗粒将变得圆整，随着时间的进一步增加，其形状变化缓慢，甚至有可能出现相反的变化趋势。其原因就是随着固相体积分数的增加，固相之间互相靠近，这些靠近的固相颗粒有可能彼此之间互相碰撞，而导致颗粒的局部形状出现扭曲变形的现象。同样，在目前的实验中也存在着这种现象，当保温时间由 180min 增加到 600min 时，形状因子仅仅从 0.69 变化到 0.72。虽然从热力学角度而言，热处理过程中，晶粒的球化是个自发的过程，但是，在实际过程中，经过等温热处理不可能达到理想的球形。热处理过程中晶粒球化的自发性推导如下。

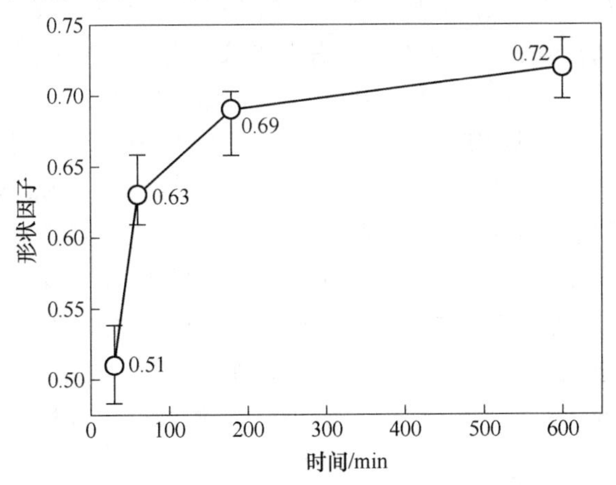

图 4-12 保温时间与形状因子关系曲线

理想球形的表面能 $G_{球}$ 为：

$$G_{球} = 4\pi r^2 \sigma \tag{4-11}$$

由于无论任何条件下球的表面积最小，所以存在着 $A > 4\pi r^2$，根据式（4-2），有：

$$\Delta G = G_{球} - G < 0 \tag{4-12}$$

因此，从热力学角度而言，球化过程是自发进行的。

4.4 等温热处理法制备半固态 Al-Mg_2Si 复合材料及其机制

等温热处理法是通过一步热处理就能得到理想的球形晶粒的一种半固态制备工艺。在以前的研究中，这种方法主要用于 ZA 合金系列，在铝基复合材料方面应用的报道还很少，因为通过简单的一步等温热处理工艺并不能取得理想的显微结构。而对于 Al-Mg_2Si 复合材料，经过简单的一步热处理工艺就能使其组织双重球化，这是一个崭新的课题，可为该类复合材料的组织控制及强韧化开辟一条新的途径。本节主要研究采用等温热处理法制备 Al-Mg_2Si 复合材料的增强体与基体双重球化过程中的机制。实验选取的热处理温度分别为 545℃，555℃，565℃和575℃，并且在箱式电炉里保温 140min 后，进行水淬。

经过等温热处理获得的 Al-Mg_2Si 复合材料半固态显微组织如图 4-13 所示。在 545℃保温 140min 的条件下（图 4-13（a）），大部分初生 Mg_2Si 相呈现为不规则形状，同时保留原有的枝晶特点；α-Al 晶粒尺寸分布不均匀，部分较大尺寸的 α-Al 为蔷薇状，而尺寸较小的则为规则的球形或者椭球形；晶界中有少量的液相存在。当热处理温度增加到 555℃时（图 4-13（b）），枝晶状的初生 Mg_2Si 相基本消失，尺寸减小到 50μm 左右，形貌为圆形、椭圆形和少量不规则形状；而 α-Al 的尺寸变得更加均匀，蔷薇状的形貌减少；同时，晶界内的液相体积分数进一步增加。当热处理温度增加到 565℃时（图 4-13（c）），大部分的初生 Mg_2Si 相转变为尺寸为 40μm 左右的球形，只有极少数具有原有的枝晶特征；α-Al 晶粒的尺寸分布变得更加均匀，且进一步减小，蔷薇状的特征消失，全部的 α-Al 晶粒呈现为规则的球形和椭球形；与此同时，与 555℃相比，液相体积分数迅速增加。当热处理温度进一步增加到 575℃时（图 4-13（d）），Mg_2Si 的形貌不再发生明显的变化，但是其尺寸却减小到 35μm 左右；α-Al 的形状也没有发生明显的变化，类似地，其尺寸也进一步减小；而液相体积分数却有少许的增加。对比图 4-13（a）~（d）能够发现，在 α-Al 和初生 Mg_2Si 晶粒内都会残留有少量的液岛，如图中箭头标注。这些液岛主要是最后凝固形成的共晶相，如 Al-Si，Al-Mg_2Si 或者 Al-Si-Mg_2Si 等二元或三元共晶，在等温热处理过程中熔化，并被捕获到晶粒内。

为了研究不同的处理温度对 α-Al 晶粒的影响，采用了定量金相对晶粒尺寸

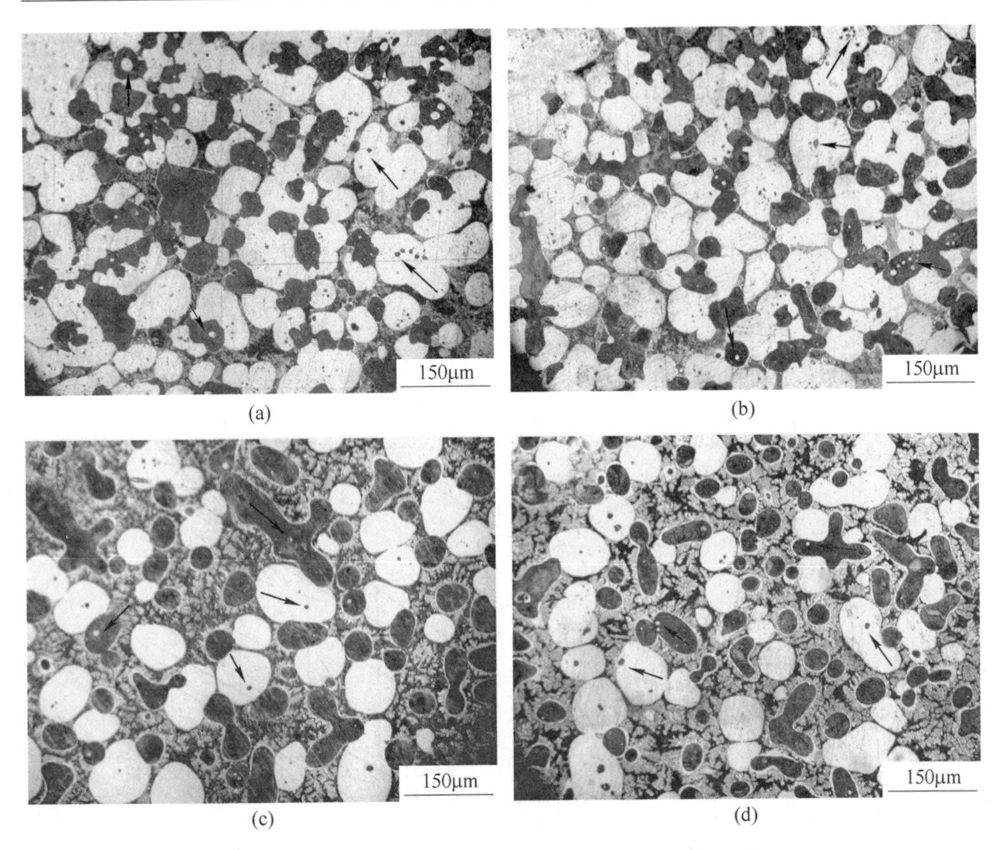

图 4-13 不同热处理温度下，Al-Mg_2Si 复合材料半固态显微组织
(a) 545℃；(b) 555℃；(c) 565℃；(d) 575℃

进行了分析，如图 4-14（a）~（d）所示。可见在热处理温度为 545℃的条件下（图 4-14（a）），α-Al 晶粒的尺寸分布比较分散，区间为 41~191μm，大多数的晶粒尺寸为 41~101μm 区间，同时，也存在着部分晶粒处于 101~191μm 区间。当热处理温度增加到 555℃时，如图 4-14（b）所示，晶粒尺寸分布的整体区间缩小为 23~153μm，其中有 67%的晶粒处于 43~103μm 之间，极少数晶粒尺寸达到 153μm，也有少数的晶粒尺寸减小到 23μm。与热处理温度为 545℃时相比，晶粒尺寸变得更加均匀，部分小的晶粒尺寸变得更小，而较大尺寸的晶粒也有所减小。然而，当热处理温度增加到 565℃时，如图 4-14（c）所示，晶粒尺寸的分布区间变化不大，为 34~154μm 区间，但是由图中可以清晰地看出较大晶粒的数量急剧减少，只有极少数的（3%）晶粒达到了 154μm，其余的均小于 114μm。其中有 80%的晶粒处于 54~104μm 之间，与 555℃热处理温度相比，尺寸分布进一步均匀，但是尺寸较小的晶粒值变化不大，为 34μm 左右。当热处理温度进一步增加到 575℃时，如图 4-14（d）所示，尺寸的分布区间略有减小，处于 23~

143μm 之间，有 3%的晶粒为 143μm，绝大多数晶粒尺寸处于 23～103μm 之间，其中有 25%的晶粒尺寸处于 63～73μm 之间。此外，每个晶粒尺寸区间含有的晶粒数量几乎相等，都为 10%左右。与 565℃相比，晶粒尺寸的值有所减小，但是尺寸分布的均匀度有所下降。综上，随着热处理温度的升高，半固态组织中的 α-Al 晶粒是逐渐减小的，因为温度的升高，更多的固相被溶解到液相中去，使得较大的晶粒尺寸变小，同时形状更加圆整，而尺寸较小的晶粒则完全溶解，变成液相，导致固液体积分数的变化。本研究中由于 Al 的熔点相对较低，所以对 α-Al 晶粒的影响较大，而对于初生 Mg_2Si 相，由于其具有较高的熔点，所以影响较小，只有当热处理温度增加到 575℃时，其尺寸才有略微的减小。

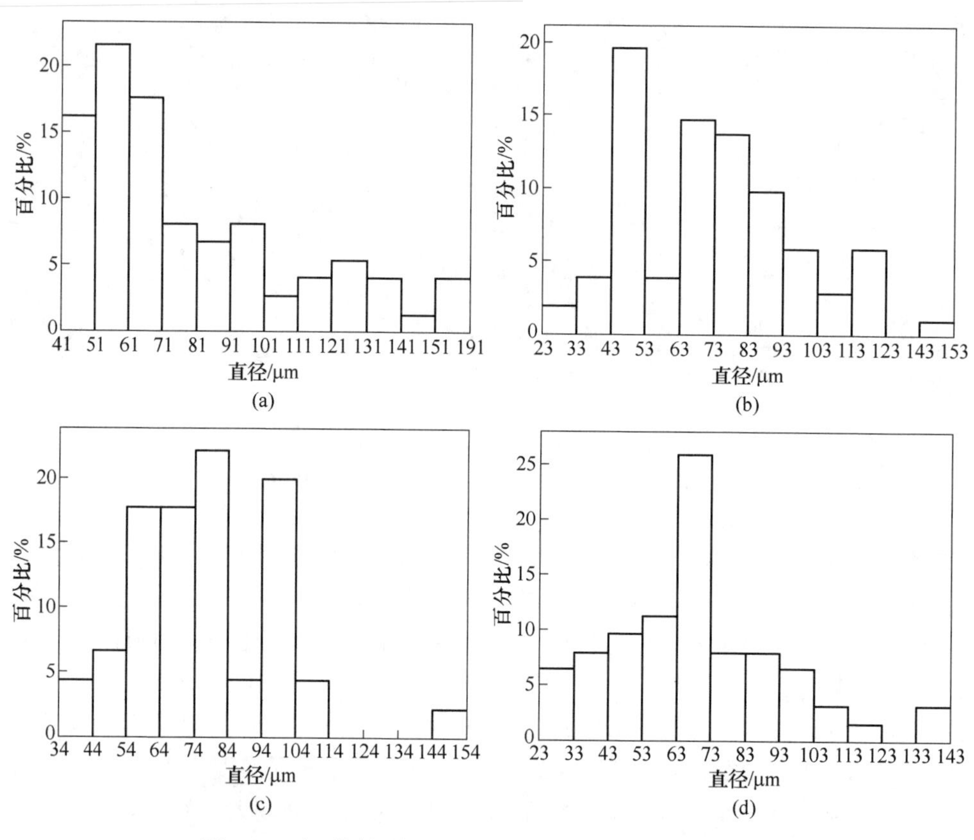

图 4-14　在不同的热处理温度条件下 α-Al 晶粒尺寸分布

（a）545℃；（b）555℃；（c）565℃；（d）575℃

由于热处理温度的变化影响到固相晶粒的大小，进而直接影响到固液体积分数的数值。对体积分数的变化的定量金相结果如图 4-15 所示，显示出随着温度的增加，液相体积分数有着明显的增大。545℃与 555℃时，体积分数有着微小的

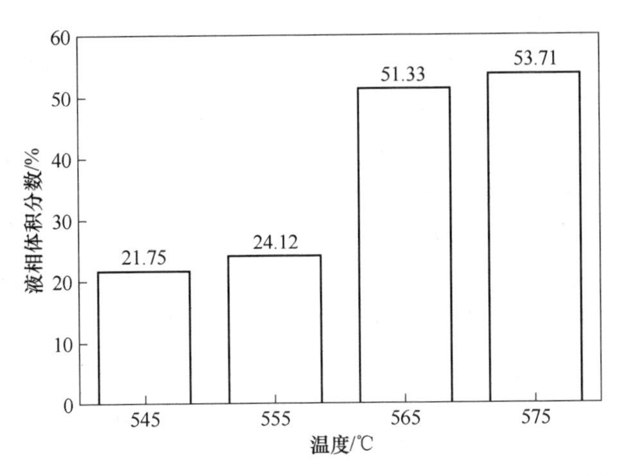

图 4-15 热处理温度为 545~575℃条件下的半固态 Al-Mg_2Si 复合材料液相体积分数变化

变化，然而当温度增加到 565℃时，液相体积分数迅速增加，由 24.12%直接增加至 51.33%，当温度进一步增加时，却只有小幅度的增加。根据 Scheil 方程（式（4-1）），液相体积分数与固相体积分数和温度有着直接的关系，随着热处理温度 T 的增加，液相体积分数 f_L 也会迅速变大。同时，受温度影响的还有晶粒的形状因子，因为在热处理温度升高的情况下，晶粒曲率较大处更容易被熔化掉。不同热处理温度条件下 α-Al 的形状因子如图 4-16 所示，在低温时（545℃），其形状因子为 0.52，随着温度的增加，其值逐渐变大为 0.61，当温度升高到 565℃时，α-Al 晶粒的形状因子快速增加到 0.83 左右，随着温度的进一步升高，不再发生明显的变化，而且还有小幅度的回落。也就是说随着温度的增加，形状因子的变化与 4.2 节有着相同的变化规律，随着时间的延长或温度的升高，其值接近一个极限值而不再继续增加，而且还会有小幅度的回落。

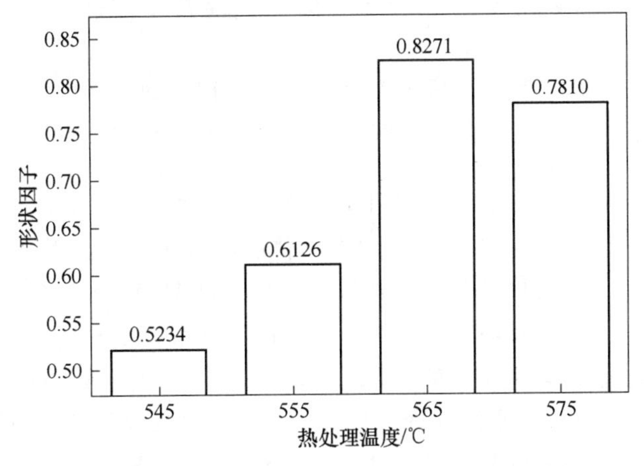

图 4-16 热处理温度为 545~575℃时 α-Al 晶粒的形状因子的变化

对于采用等温处理法制备的半固态坯料，往往受到众多因素的影响，其中热处理前的铸态组织是影响半固态组织的重要因素。采用锶和磷变质之后的 Al-Mg_2Si 复合材料在 565℃保温 140min 时，其显微组织如图 4-17 所示，可见不论采用锶变质，还是磷变质，初生 Mg_2Si 均呈现为细小的球形晶体，与未变质的半固态组织相比，不存有任何的残留枝晶特征，并且尺寸均小于未变质的 Mg_2Si 晶粒。由于热处理之前的铸态组织中（图 3-13（b）与图 3-13（c））磷变质的初生 Mg_2Si 晶体的尺寸小于锶变质的，因此，这种特征被遗传下来，对比图 4-17（a）与（b），可以发现半固态组织中磷变质的 Mg_2Si 晶体的尺寸仍然小于锶变质的。变质后的半固态组织中 α-Al 晶粒与未变质的相同，呈现球形或者椭球形，但是其尺寸明显小于未变质的半固态组织中的 Al 晶粒。Wang 等人[165,166]研究结果显示：采用应变诱发技术制备半固态 AZ91 镁合金时，原始晶粒尺寸对获得球状晶晶粒的尺寸有着重要的影响，即原始的晶粒尺寸较大时，球状晶的尺寸也较大，反之，球状晶的尺寸较小。这种实验现象和本研究取得的结果基本上是一致的，也就是说变质前后相比，铸态组织的晶粒在变质后变得更加细小，从而，经过等温热处理后其半固态组织中的固相也相对较细小。

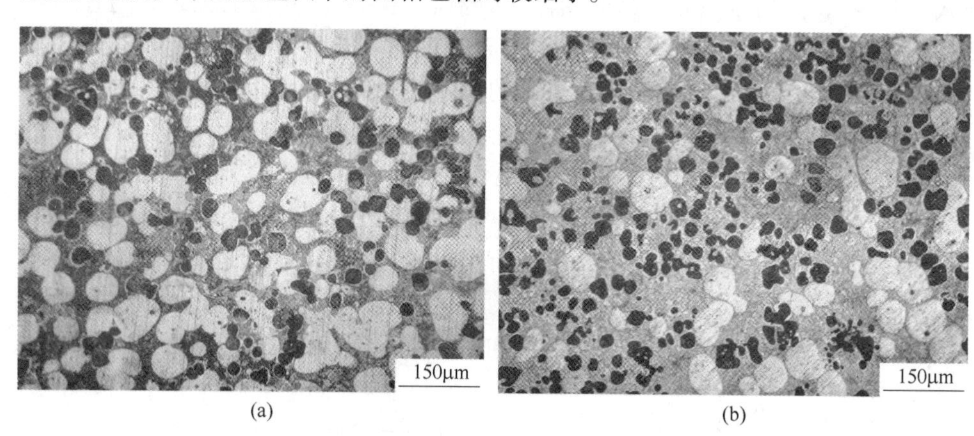

(a) (b)

图 4-17 变质后 Al-Mg_2Si 复合材料半固态组织形貌

（a）锶变质；（b）磷变质

为了探讨 α-Al 的球化过程，设计如下实验。根据（Al-20Mg_2Si）-Si 的伪二元相图（图 3-1）和本实验合金成分，合金熔体凝固按照如下过程进行：

$$L \rightarrow L_1 + (Mg_2Si)_p \rightarrow L_2 + (Mg_2Si)_p + (Al+Mg_2Si)_e$$
$$\rightarrow (Al+Si+Mg_2Si)_e + (Mg_2Si)_p + (Al+Mg_2Si)_e$$

因为半固态热处理过程中初生 Mg_2Si 相呈现为固态，部分 Al 也表现为固态，所以在凝固的第二个过程后水淬处理，也就是使凝固过程仅仅进行到如下状态：

$$L \rightarrow L_1 + (Mg_2Si)_p \rightarrow L_2 + (Mg_2Si)_p + (Al+Mg_2Si)_e$$

由测温曲线知此段凝固温度区间为 567~580℃，故选择 570℃为水淬温度（根据平衡相图可知，此段凝固温度区间为 560~590℃，但是在实际的凝固过程中由于冷却速度不能无限缓慢，所以远离平衡条件，而且本实验合金成分为 Al-25Mg_2Si-3Si-3Cu，也导致了温度发生了变化）。实验将合金熔体进行冷却、凝固，然后在 570℃进行水淬。水淬后样品经过 NaOH 水溶液深腐蚀的 Al-Mg_2Si 显微组织如图 4-18 所示，Mg_2Si 周围被一层 Al-Mg_2Si 二元共晶组织包围，Al-Mg_2Si 形成了一系列单独的共晶团，周围被未析出的（Al+Si+Mg_2Si）共晶原子团所包围。因此，能够推断出在等温热处理过程中，处于晶界上的（Al+Si+Mg_2Si）共晶原子团首先熔化成为液相，随着保温时间的延长，Al-Mg_2Si 二元共晶组织中的共晶 Mg_2Si 相变成液相流入晶界或者残留于 Al 晶粒内形成液岛，如图 4-18 所示，残留的固态 Al 形成蔷薇状。随着时间的进一步增加，蔷薇状的晶粒其曲率半径较大处也渐渐溶入液相中去，使得晶粒的形状变得规则并呈现为球形；同样，初生 Mg_2Si 相在液态的长时间浸润下，也在曲率半径较大处发生溶解，边角钝化，而形成球形、椭球形或者仍保持有枝晶特征。

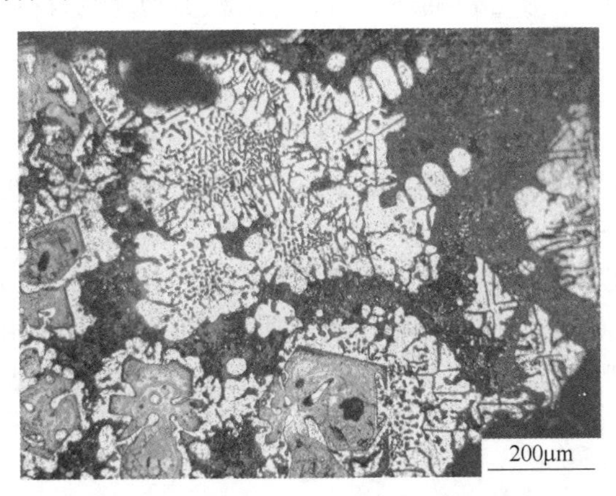

图 4-18　570℃水淬后 Al-Mg_2Si 复合材料深腐蚀显微组织

因此，Al-Mg_2Si 复合材料在等温热处理过程中显微组织的演变过程示意图如图 4-19 与图 4-20 所示。图 4-19（a）是原始的 α-Al 和 Mg_2Si 枝晶，而图 4-20（a）则是变质后的块状初生 Mg_2Si 和 α-Al 枝晶。经过在固液两相区保温处理后，共晶相熔化，未熔化的固相（Al 相）形成了一个固相构架。随着保温时间的增加，液相体积分数逐渐增加，同时，固相的枝晶在曲率较大处（也就是枝晶的端部）首先溶解到液相中去使得固相晶体或枝晶出现钝化现象。当液相量达到一定程度，局部液相互贯连，如图 4-19（b）和图 4-20（b）所示。进而，此处固相逐渐溶解到液相中去，使得完整的树枝晶变为若干个蔷薇状或其他不规则形状的晶粒。随着时间的进一步增加，蔷薇状的晶粒其曲率较大处也渐渐溶入液相中去，使得晶粒的形状变得规则，呈现为球形，如图 4-19（c）和图 4-20（c）所示。此外，由于 Mg_2Si 是合金的初生相，熔点较高，其球化过程也比较简单，也就是由开始粗大的树枝晶从枝晶臂根部溶断，进而尖角溶解钝化而变得圆整；随着保温时间的延长，Mg_2Si 与液相的扩散作用使得其晶粒的尺寸略有减小。

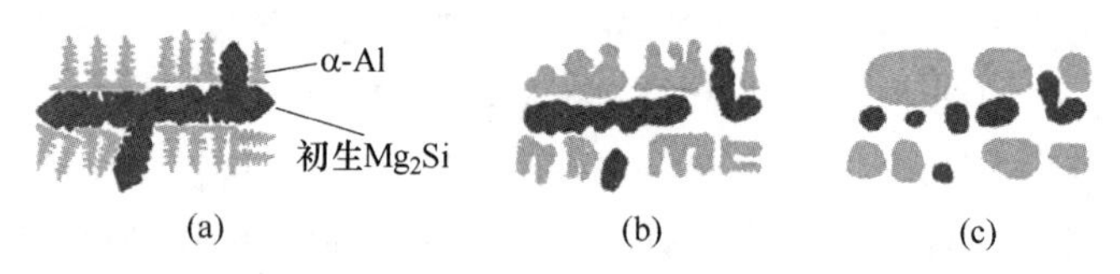

图 4-19　未变质 Al-Mg_2Si 复合材料显微组织的演变过程示意图

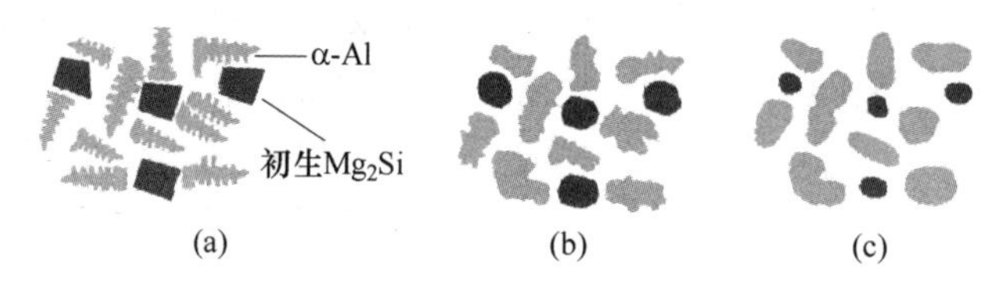

图 4-20　变质后 Al-Mg_2Si 复合材料显微组织的演变过程示意图

4.5　本章小结

本章主要研究了采用应变诱发法，冷斜面技术和等温热处理法制备半固态 Al-Mg_2Si 复合材料过程中的组织演变规律及机理，得出如下结论：

（1）实验发现采用应变诱发法能够成功地制得初生 Mg_2Si 增强相与 α-Al 基体双重球化的半固态复合材料坯料。随着压缩比的增大，在相同的热处理条件下，α-Al 球状晶体尺寸变得更细小，部分初生 Mg_2Si 增强相处于 α-Al 球状晶内部；对共晶相而言，随着压缩比的增大，共晶 Mg_2Si 相由二元共晶转变为三元共晶。

（2）研究表明采用冷斜面技术能够获得初生 Mg_2Si 增强相与 α-Al 基体双重球化的半固态复合材料坯料。结果发现，经过冷斜面后，铸态组织中 α-Al 转变为细小的球形颗粒，初生 Mg_2Si 枝晶被轻微地破碎。研究发现，当进行等温热处理后，增强体与基体形成了双重球化的显微结构。随着保温时间的增加，α-Al 晶粒尺寸逐渐增大，圆整度也在不断地增大，计算表明，α-Al 晶粒的立方粗化速率常数为 $K=1.02\times10^{-16}m^3/s$。

（3）实验发现直接采用等温热处理法能够得到增强相与基体双重球化的显微组织。结果表明，随着热处理温度的增加，液相体积分数逐渐增大，α-Al 晶粒的尺寸变得更加均匀；同时，α-Al 颗粒的形状因子随着温度的增加在逐渐地增大，进而达到一个最大值而不再发生明显的变化；对比发现，变质之后的半固态复合材料的增强相与 Al 基体的球状晶更加圆整与细小。

5 Al-Mg_2Si功能梯度材料制备技术及其机制

5.1 引言

在实际的工程中，服役材料的各个部位在工作过程中有着不同的疲劳失效方式，因此，理想的设计要求是材料的性能应随其在结构中的位置差异而不同。正如齿轮的轮体部分需具有较高的韧性，而在齿轮表面则需要具有良好的耐磨性。为了满足特殊条件下材料的不同部位具有不同功能的要求，20 世纪 80 年代，日本学者[167,168]首次提出了按照使用要求在结构内部非均匀、连续地合成的材料设计新概念，即为功能梯度材料。近年来，功能梯度材料由于具有以上的特点与性能，在材料领域受到了广泛的重视[169]，因此，科学家发明了若干种制备功能梯度材料的方法：离心铸造技术[64]，电磁分离技术[66]，激光表面重熔技术[170]，气相沉积法[171]，等离子喷涂法，自蔓延高温合成法等。本章主要采用电弧重熔技术和单向重熔淬火技术制备 Al-Mg_2Si 功能梯度材料。

5.2 电弧重熔技术制备功能梯度材料及其机制

由于电弧设备在重熔的过程中，采用强制水冷铜坩埚，各个部位的凝固速率必然存在着一定的差异，形成了一定的温度梯度，从而形成了复合材料增强相的梯度分布。实验以 Al-30Mg_2Si-5Si 合金为原料，制备功能梯度材料，其铸态的显微组织与 XRD 图谱如图 5-1 所示。XRD 分析显示铸态显微组织中含有 Mg_2Si，Al 以及 Si 相；由于 Mg_2Si 体积分数的增加，初生 Mg_2Si 尺寸也增大到了 400μm 左右，且 Mg_2Si 枝晶呈紊乱分布；同时，由于制备过程中 Mg 含量的增加，使得在铸态组织中含有一定量的气孔，如图 5-1（a）中箭头所示。

经过电弧重熔后形成的梯度显微组织如图 5-2 所示，其中（a）~（d）分别是梯度材料的顶部、中部、底部以及底部的横截面。由图可见，顶部是与空气的接触面，因空气的导热能力要远小于水冷铜模，所以顶部初生 Mg_2Si 相为相对粗大的树枝晶，但是其尺寸远远小于铸态组织中的枝晶，并且没有明显的方向性。同时，Mg_2Si 枝晶周围有一薄层 α-Al，文献［170］称之为“晕圈”。中部的显微组织如图 5-2（b）所示，可见 Mg_2Si 树枝晶由紊乱分布转变为互相平行的分布形式，方向为从上至下，其尺寸与顶部相比，略微减小，表面仍然存在着一层 Al 晕圈。在底部（图 5-2（c）），初生 Mg_2Si 晶粒的尺寸明显减小，相应的 Al 晕圈

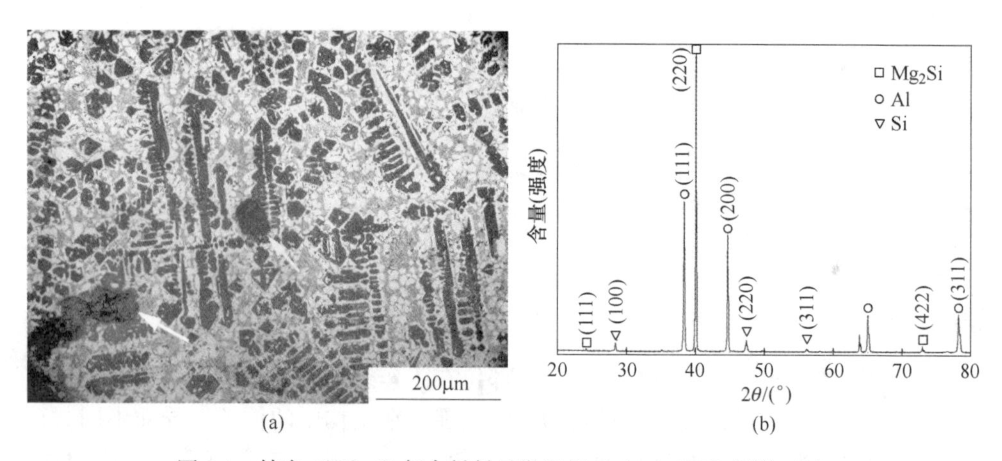

图 5-1　铸态 Al-Mg_2Si 复合材料显微组织（a）与 XRD 图谱（b）

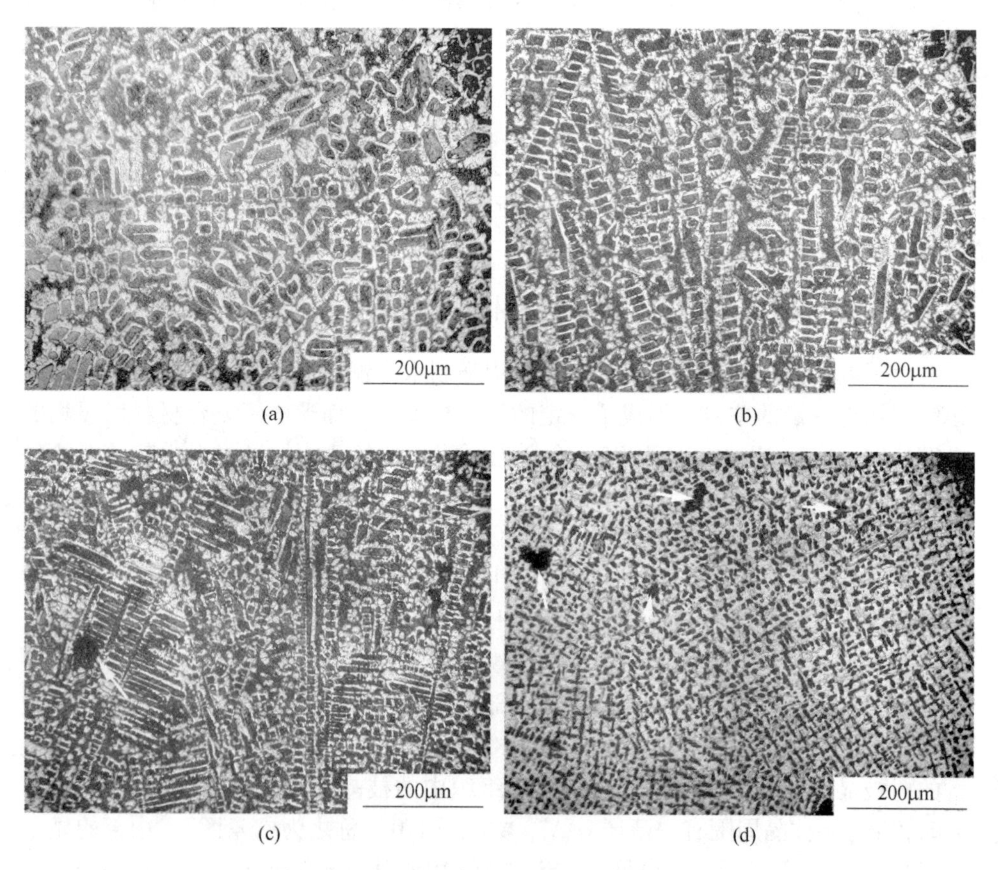

图 5-2　Al-Mg_2Si 采用电弧处理后的显微组织

（a）顶部；（b）中部；（c）底部；（d）底部截面图

变得更薄，Mg_2Si 枝晶仍然呈现为互相平行的特征，但在组织内留有一定量的气孔，如箭头所示。晕圈的形成主要是由于在凝固过程中，初生 Mg_2Si 相首先析出，周围被液相所包围，随着 Mg_2Si 晶体的不断长大，液相内 Mg、Si 含量降低，相应的铝含量升高，其中还包括 Mg_2Si 晶体生长过程中排出的溶质 Al。一旦固液界面的过冷度足够大时，α-Al 将会在 Mg_2Si 晶体的小平面上形核、结晶，形成晕圈，同时导致 Mg_2Si 晶体的生长受到限制。此外，在顶部和底部还同时存在着一个热梯度，这使得 α-Al 晶粒在顶部有着大量的生长时间，导致下部的晕圈要薄于上部。下部的 Mg_2Si 颗粒之间的距离相对较小，因此彼此之间会存在着碰撞，这也限制了 α-Al 晶粒的生长，成为底部晕圈较薄的另一个原因。底部的截面图（图 5-2（d））显示了更加细小的初生 Mg_2Si 晶粒，但仍然能看到气孔。气孔主要是由铸态组织中遗传下来的，由于重熔过程中，顶部首先熔化，并且冷却速度相对较慢，所以熔体内的气体有充足的时间排出，而对于底部，在水冷铜模坩埚中，有着较快的冷却速率，凝固后，仍有部分气体残留于熔体内，形成气孔。

为了研究底部界面晶粒的组织特征，深腐蚀的显微组织如图 5-3 所示。图 5-3（a）为低倍的显微组织，可见截面图内大多数为细小的圆形 Mg_2Si 颗粒，此外还有少量残余的枝晶。由高倍组织图 5-3（b）可以推断出这些残留的枝晶可能是在重熔过程中，原有的铸态组织中枝晶未完全熔化而残留下来的。圆形晶粒的产生则有两种可能：一种是互相平行的枝晶被截断，而显示出的端部的特征；另一种则是原样品的枝晶被熔断，凝固过程中由于冷速过快而没有继续生长而成为圆形。同时，在图 5-3（b）中可以看到含有少量的纤维状的共晶相，其具体的特征如图 5-3（c）所示。但是，与铸态组织相比，共晶相的数量明显减少，这是由于冷却速度的增加，使得在凝固过程中，大量的原子未以共晶的形式凝固析出，而是直接固溶到基体内，这也使得基体组织的硬度发生变化。

随着顶部到底部显微组织的梯度变化，基体组织的显微硬度也呈现为梯度的变化。如图 5-4 所示，随着远离顶部距离的增加，其基体的显微硬度值也呈现为略微增加的趋势，在底部达到了 138HV，其主要原因是大量的 Mg 和 Si 原子在相对较高的冷却速度下，固溶到 Al 中形成了过饱和固溶体，即 Mg 原子和 Si 原子在 Al 的晶格上通过不同原子种类的相互作用产生了有效的晶格力，导致了显微硬度的提高。Yan[172] 等人利用单辊激冷技术研究得到的 Al-Mg-Si 合金带的硬度要高于其铸态的硬度；同样的，Uznn[173] 等人采用了单辊激冷手段获得了 Al-8Si 以及 Al-16Si 合金带，与铸态相比，合金带的显微硬度都有不同程度的提高。

互相平行的枝晶的形成，与水冷铜模内的温度场的分布有着直接的关系。水冷铜模内温度场的分布示意图如图 5-5 所示，它是由一系列的等温线 i_1，i_2 和 i_3 等组成，由于热流是由上向下传导，因此存在着如下的温度关系：$i_1>i_2>i_3$。当电弧电源被切断的瞬间，温度梯度作为一个直接的驱动力使得凝固从底部开始，

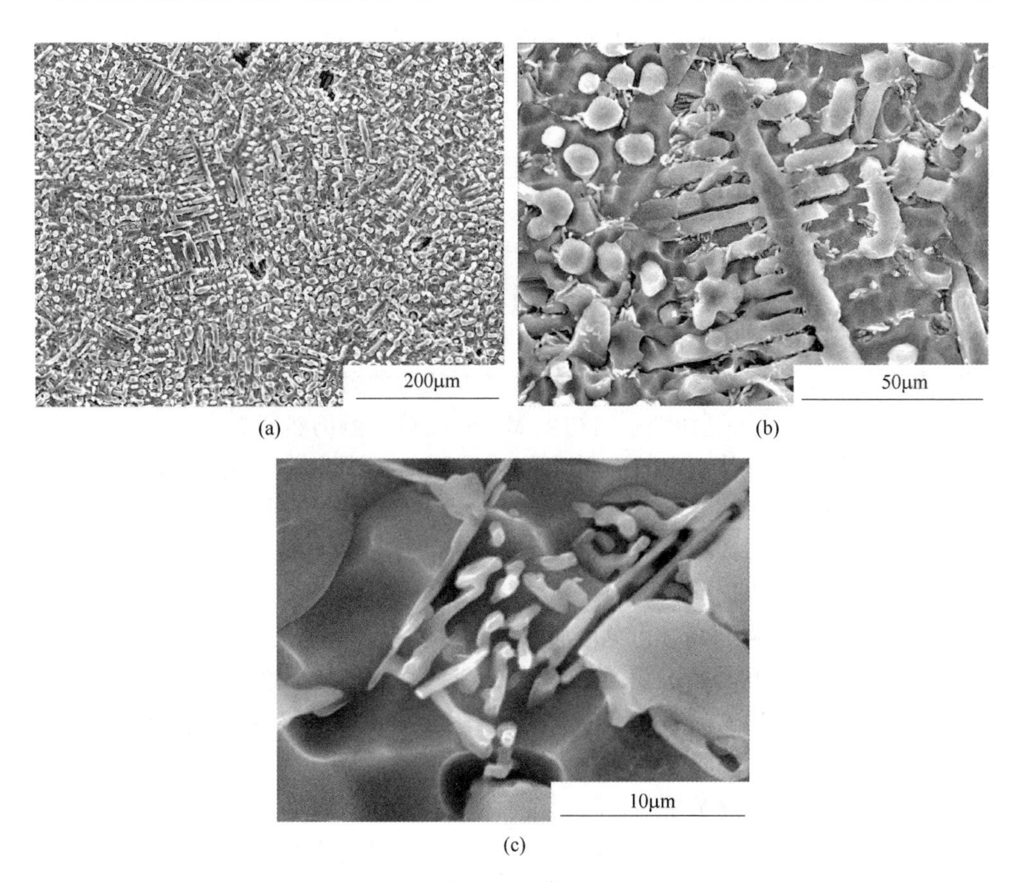

图 5-3　底部界面深腐蚀显微组织
(a) 低倍；(b) 高倍；(c) 共晶相

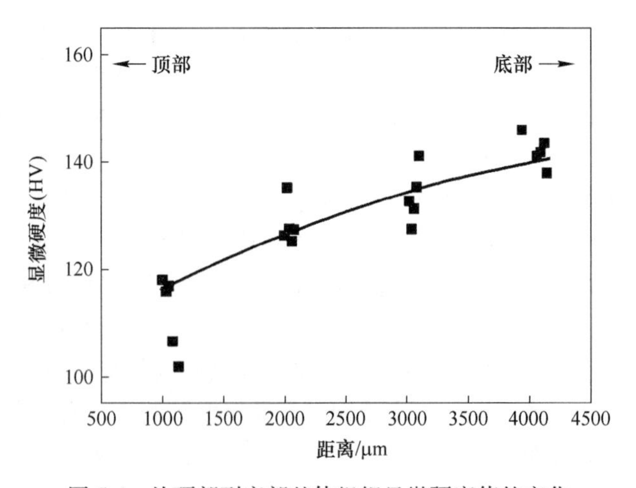

图 5-4　从顶部到底部基体组织显微硬度值的变化

不断地向上进行，因此形成了具有方向性的枝晶。这种枝晶的形成不仅与温度梯度有关系，还与凝固速度 v 以及成分 C_0 有关系，也就是说，合金的原始成分 C_0，固液界面处的温度梯度 G_L 和凝固速度 v 是决定晶体形貌的主要因素，如图5-6[119]所示。只有 C_0 与 $G_L/\sqrt{v}$ 具有一定的函数关系时，晶体才能保持柱状树枝晶形貌。当 C_0 一定时，随着 $G_L/\sqrt{v}$ 的减小，晶体逐渐由平面晶向胞状晶、胞状树枝晶、柱状树枝晶以及等轴晶转变[119]。在凝固过程中 $G_L/\sqrt{v}$ 与时间 τ 的关系，可以按照如下步骤推导。在铜模底部的温度场分布情况，可以近似地按照傅里叶一维导热模型进行计算。具体的推导过程[174]如下：

$$\frac{\partial T}{\partial \tau} = a\frac{\partial^2 T}{\partial x^2} \tag{5-1}$$

初始条件 $\tau=0$ 时　　$T=T_1=900$

边界条件 $x=0$ 时　　$T=T_0=20$

$x=M$ 时　　$-\lambda_L\frac{\partial T}{\partial x}=h_r(T^4-T_0)$

$$a=\frac{\lambda}{\rho c_p}$$

式中，λ 为导热系数；λ_L 为液相导热系数；ρ 为密度；T_1 为熔体内部温度；T_0 为室温；τ 为时间；x 为距坩埚底部的距离；h_r 为液态金属的辐射放热系数，$h_r=\sigma\varepsilon(T^2+T_0^2)(T+T_0)$，其中 $\sigma=5.67\times10^{-8}\mathrm{W\cdot m^{-2}\cdot K^{-4}}$，为玻耳兹曼常数，$\varepsilon$ 为辐射系数。

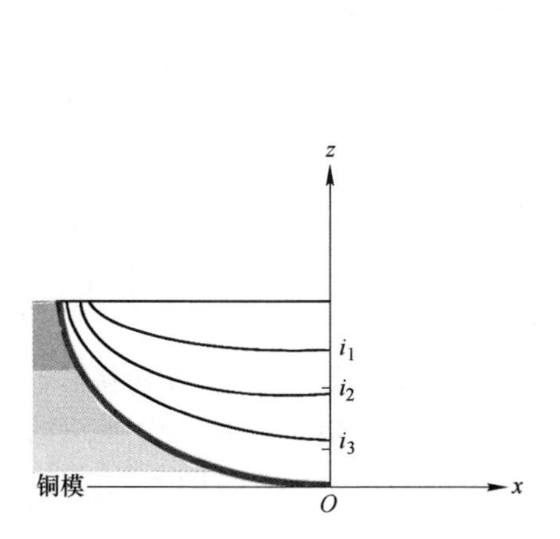

图5-5 电弧重熔后复合材料熔体在铜模内温度场分布示意图

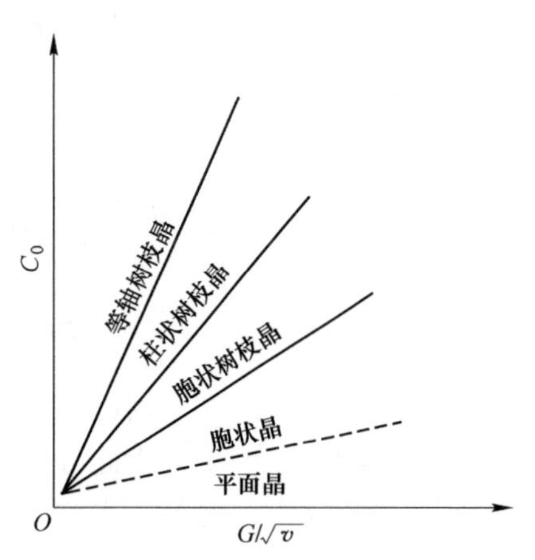

图5-6 $G_L/\sqrt{v}$和 C_0 对晶体形貌的影响

根据文献［174］的处理方法，分离变量，设

$$T(\tau, x)=A(x)B(\tau) \tag{5-2}$$

式中，$A(x)$ 仅与 x 有关，$B(\tau)$ 仅与 τ 有关。将式（5-2）代入式（5-1）可得：

$$\frac{\partial T(\tau,x)}{\partial \tau}=a\frac{\partial^2 T(\tau,x)}{\partial x^2} \tag{5-3}$$

整理后，得到：

$$\frac{\mathrm{d}B}{aB\mathrm{d}\tau}=\frac{\mathrm{d}^2 A}{A\mathrm{d}x^2} \tag{5-4}$$

为了保证 τ 与 x 在任何定义域内式（5-4）均成立[174]，令

$$\frac{\mathrm{d}B}{aB\mathrm{d}\tau}=D \tag{5-5}$$

$$\frac{\mathrm{d}^2 A}{A\mathrm{d}x^2}=D \tag{5-6}$$

对式（5-5）进行积分，同时令 $f=\frac{\mathrm{d}A}{\mathrm{d}x}$，并对式（5-6）积分，得

$$B=C_1\exp(aD\tau) \tag{5-7}$$

$$f=C_2\exp(Dx) \tag{5-8}$$

C_1，C_2 为积分常数。在通常情况下，温度梯度 G 可用下式表示[174]：

$$G=\frac{\partial T}{\partial x} \tag{5-9}$$

因此，根据式（5-2）、式（5-7）和式（5-8）可得：

$$G=B\frac{\mathrm{d}A}{\mathrm{d}x}=Bf=C_1C_2\exp(D(a\tau+x)) \tag{5-10}$$

由于本实验中温度梯度为正温度梯度，所以 $G>0$，则有 $C_1C_2>0$。对 G 进行 x 和 τ 偏导计算，有

$$\frac{\partial G}{\partial x}=DC_1C_2\exp(D(a\tau+x)) \tag{5-11}$$

$$\frac{\partial G}{\partial \tau}=aDC_1C_2\exp(D(a\tau+x)) \tag{5-12}$$

由于随着时间的延长，物体中的温度不可能无限增大，或与周围介质保持恒等的温度，所以常数 $D<0$[174]。由此可见，随着时间或者距离的增加，凝固前沿的温度梯度将逐渐减小。此外，水冷金属型中凝固层厚度 L 与时间 τ 有着如下关系[174,175]：

$$L=C\sqrt{\tau} \tag{5-13}$$

式中，C 为常数。则可以推出凝固速度 v 为：

$$v=\frac{\mathrm{d}L}{\mathrm{d}\tau}=\frac{C}{2\sqrt{\tau}} \tag{5-14}$$

根据式（5-13），经历 τ 时间后，凝固层厚度为 L，代入式（5-10），可得固液界面处的温度梯度 G_{SL} 为：

$$G_{SL}=C_1C_2^{D(a\tau+C\sqrt{\tau})} \tag{5-15}$$

从而，可以得到：

$$\frac{G_{SL}}{\sqrt{v}}=\sqrt{2}C_1C_2C^{-\frac{1}{2}}\tau^{\frac{1}{4}}\exp(D(a\tau+C\sqrt{\tau})) \tag{5-16}$$

进而，可得 $\frac{G_{SL}}{\sqrt{v}}$ 对时间 τ 求导：

$$\frac{\partial\frac{G_{SL}}{\sqrt{v}}}{\partial\tau}=\frac{\sqrt{2}}{4}C_1C_2C^{-\frac{1}{2}}\tau^{-\frac{3}{4}}(1+4Da\tau+2DC\sqrt{\tau})\exp(D(a\tau+C\sqrt{\tau})) \tag{5-17}$$

由于常数 C，C_1 和 C_2 均大于零，为了计算方便，可令：

$$I=\frac{\sqrt{2}}{4}C_1C_2C^{-\frac{1}{2}}>0,\ F=\frac{\partial\frac{G_{SL}}{\sqrt{v}}}{\partial\tau}$$

则有：

$$F=I(1+4Da\tau+2DC\sqrt{\tau})\tau^{-\frac{3}{4}}\exp(D(a\tau+C\sqrt{\tau})) \tag{5-18}$$

利用初始条件与边界条件与热力学参数（表 3-1），求得 $D=-288$，$a=0.000064$，$\lambda_L=143.2$，$h_r=5.05$。假定半径 $M=0.01$m，估算凝固时间为 5s，求得 $C=0.0045$。代入式（5-18），可以得出 F 与 τ 的关系曲线，如图 5-7 所示，可见，在一定范围内 F 值大于零，然而，经过一定的凝固时间后，F 值逐渐变得小于零，且随着凝固时间的延长，F 值迅速减小。这显示出随着时间的延长，$G_L/\sqrt{v}$

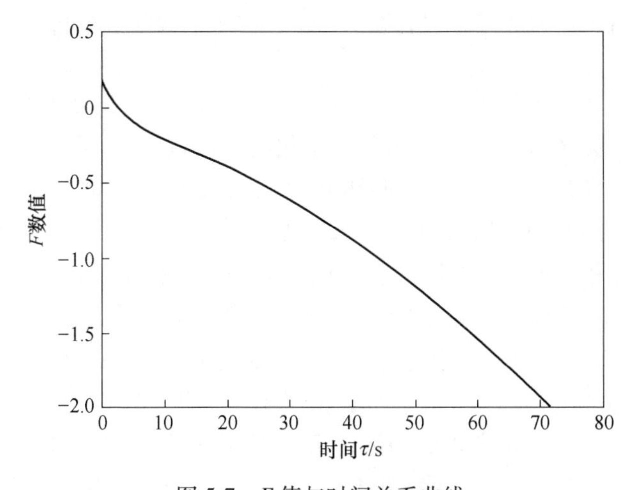

图 5-7 F 值与时间关系曲线

值也是先增加，然后再减小，根据图 5-6，表现在组织上就是从方向性强的枝状晶转变为方向性弱的枝晶，如图 5-2 中的（c）与（a）。此外，根据文献报道，枝晶方向性强是受强散热方向及晶体学最优生长方向生长的影响而成的[174]。

5.3　单向重熔淬火技术制备功能梯度材料及其机制

单向凝固又称为单向结晶，是使金属或者合金由熔体中定向生长晶体的一种工艺方法。采用单向凝固设备，使得固态合金棒不同部位在不同的温度下重熔，部分重熔或者未熔，从而产生梯度的组织，形成功能梯度材料。本节是采用单向重熔并结合淬火技术制备出 Al-Mg_2Si 功能梯度复合材料。

实验设备及工艺参数如图 2-2 和图 2-4 所示。铸态 Al-Mg_2Si 复合材料圆棒是利用普通铸造的方法，将合金液浇注到 $\phi 6$ 的铜模内凝固后而制得，其铸态的显微组织如图 5-8 所示。由于铜模的冷却速度相对较快，形成了细小的长枝晶，同时伴有少量较细的等轴晶存在。

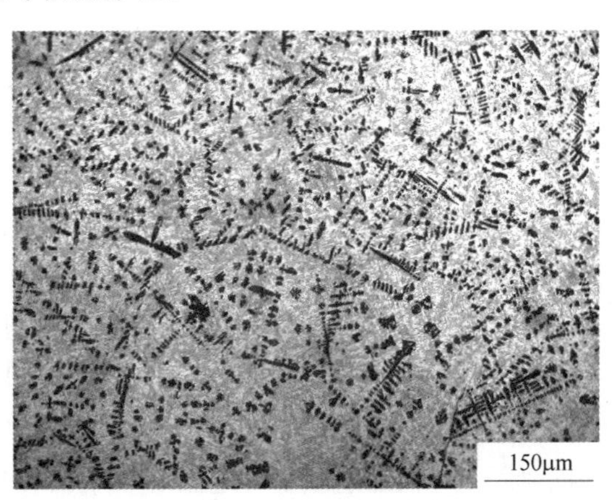

图 5-8　尺寸为 $\phi 6$ 的铸态 Al-Mg_2Si 复合材料圆棒显微组织图

整个梯度材料的梯度结构分布示意图如图 5-9 所示，共分为 5 层，其中最底部为未熔化层（层（Ⅰ）），其次为部分熔化层（层（Ⅱ），（Ⅲ），（Ⅳ）），最顶部为完全重熔层（层（Ⅴ））。其中部分熔化层又分为三部分，分别为过渡区（Ⅱ），经过液淬的半固态层（Ⅲ）和未液淬的半固态层（Ⅳ）。本研究中梯度组织的形成，主要是由于重熔温度的差异而形成的。根据温度的测量值，Mg_2Si-Al 合金在石磨坩埚内的温度分布如图 5-10 所示。整个温度场被三条特殊的等温线分成了三部分，i_1，i_2 和 i_3，分别代表了最高温度 790℃，Al-Mg-Si 的液相线温度 690℃，以及共晶温度 522℃。在底部，由于温度低于 522℃，所以合金并没有发生熔化，存在的仅仅是亚稳相的固溶，形成了层（Ⅰ）。随着距离的向上推移，超过了共晶温度，出现了部分重熔的现象，形成了液态与固态共存的组织，即半固态区域，层（Ⅱ~Ⅳ）。随着距离的进一步向上推移，温度超过690℃后，出现了完全重熔区域，从而形成了层（Ⅴ）。

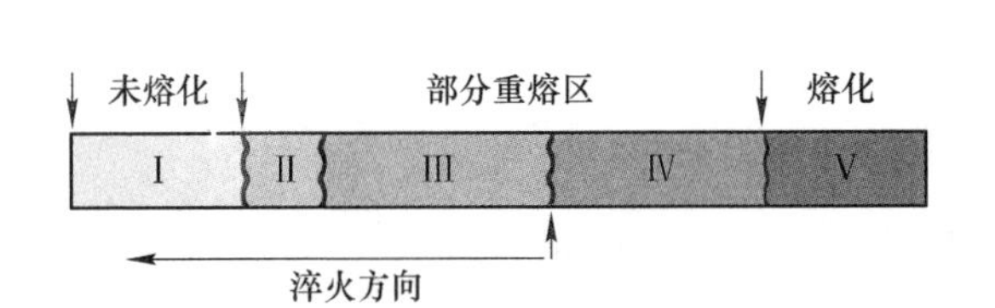

图 5-9 Al-Mg_2Si 复合材料梯度组织分布

Ⅰ—未熔化区；Ⅱ—过渡区；Ⅲ—经过液淬的半固态层；Ⅳ—未液淬的半固态层；Ⅴ—重熔区

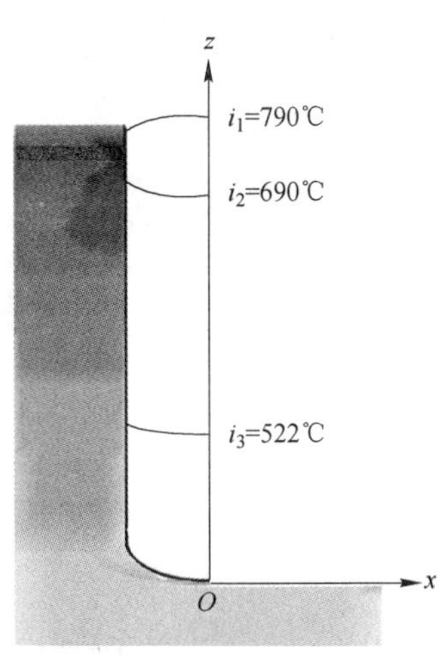

图 5-10 石墨坩埚内温度分布

界面和各层显微组织的特征如图 5-11 ~ 图 5-13 所示。图 5-11（a）是层（Ⅰ）与层（Ⅱ）界面处，可见层（Ⅰ）中还保留着原始铸态组织的特征，初生 Mg_2Si 相并没有发生明显的变化。而共晶相发生了转变，高倍组织如图 5-12（a）所示，共晶相转变为细小的颗粒状，主要是由于在加热过程中层（Ⅰ）虽然没有发生熔化，但是相当于进行了一次固溶热处理，使得基体内的亚稳组织重新固溶到基体中去，共晶相发生了变化。但是，由于底部是经过液淬处理的，所以在短时间内凝固，溶解到基体内的物质并没有析出。同时，层（Ⅰ）与层（Ⅱ）之间还形成了一个清晰的界面，由图 5-11（a）可见界面内仅由共晶相组成。这种现象的出现可能是由于应力造成的，因为界面的两端分别为未熔化和部分重熔处，必然会在界面处产生一个应力，此应力可使得初生 Mg_2Si 相以原子的形式发生迁移，从而在此处消失。当然，这仅仅是一个推测，具体的原因，还有待进一步的证实。界面的右侧是层（Ⅱ）显微组织的特征，可见长的初生 Mg_2Si 细枝晶消失，取而代之的是细小的颗粒状的晶体，其形貌如图 5-12（b）所示，呈现为不规则的形状或者圆形，尺寸为 20μm 左右，因此能够推断出随着温度的升高，此处材料发生了部分重熔，初生 Mg_2Si 枝晶被溶解断。层（Ⅱ）共晶相也与层（Ⅰ）呈现出了不同的特征，层（Ⅰ）为细小的颗粒状，而层（Ⅱ）则是尺寸略小于初生相的块状形貌。因为层（Ⅱ）是在加热保温的过程中共晶相部分熔化，使得在凝固过程中液相中 Si 以未完全熔化的相作为基底重新生长而成，同时液

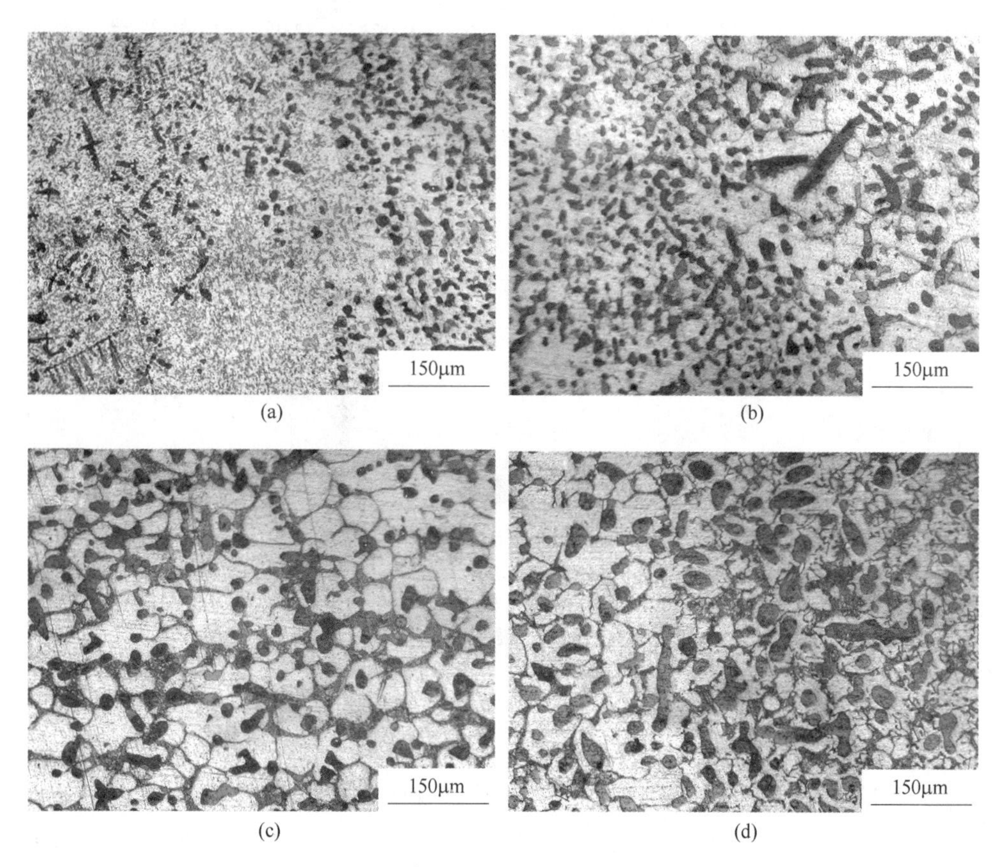

图 5-11　各层间的界面显微组织特征
（a）层（Ⅰ）与层（Ⅱ）；（b）层（Ⅱ）与层（Ⅲ）；（c）层（Ⅲ）；（d）层（Ⅲ）与层（Ⅳ）

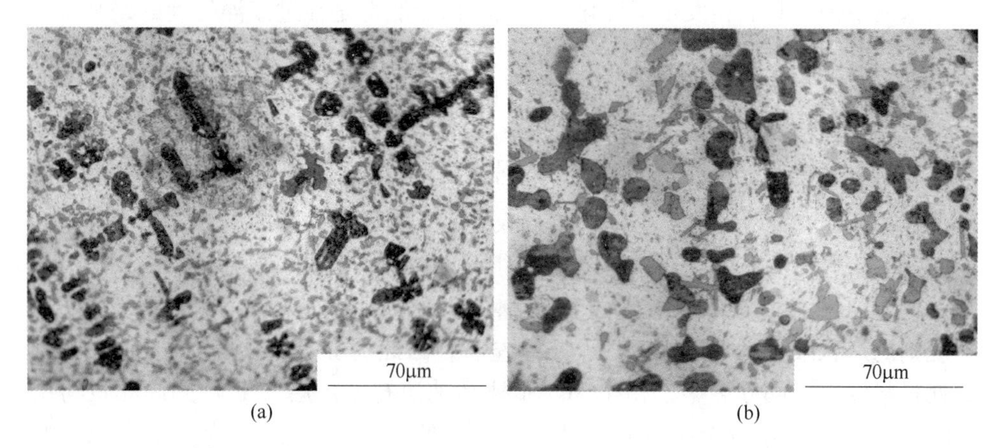

图 5-12　层（Ⅰ）（a）和层（Ⅱ）（b）显微组织局部放大图

淬使得部分 Si 或者 Mg 固溶到基体中去。图 5-11（b）~（c）显示了层（Ⅱ）与（Ⅲ）界面以及层（Ⅲ）显微组织的特征，可见层（Ⅲ）表现出了典型的半固态显微组织的特征，即 α-Al 表现为圆形或椭圆形，部分表现为蔷薇状，共晶相呈现为液相，初生 Mg_2Si 表现为细小的球形，但是数量明显少于层（Ⅱ），而其尺寸略大于层（Ⅱ）。这是由于在层（Ⅲ）处有着更高的处理温度，共晶相熔化，导致了 α-Al 和初生 Mg_2Si 枝晶被液相溶解断，同时这两相发生了粗化和熟化现象，使得晶粒长大。但由于初生 Mg_2Si 的熔点相对较高，其尺寸略微增加。图 5-11（d）显示了层（Ⅲ）与（Ⅳ）的界面，即为液淬的界面，对比两边组织特征，可发现初生 Mg_2Si 相没有发生明显的变化，而 α-Al 和共晶相却表现出了不同的特征，层（Ⅳ）具体的特征如图 5-13（a）所示。α-Al 已经不再是球形或者椭球形，转变为了枝晶，同时，形成了大量的 Al-Mg_2Si 和 Al-Si 二元共晶。这主要是由两方面原因导致的：一是由于温度继续升高，使得 α-Al 熔化量进一步

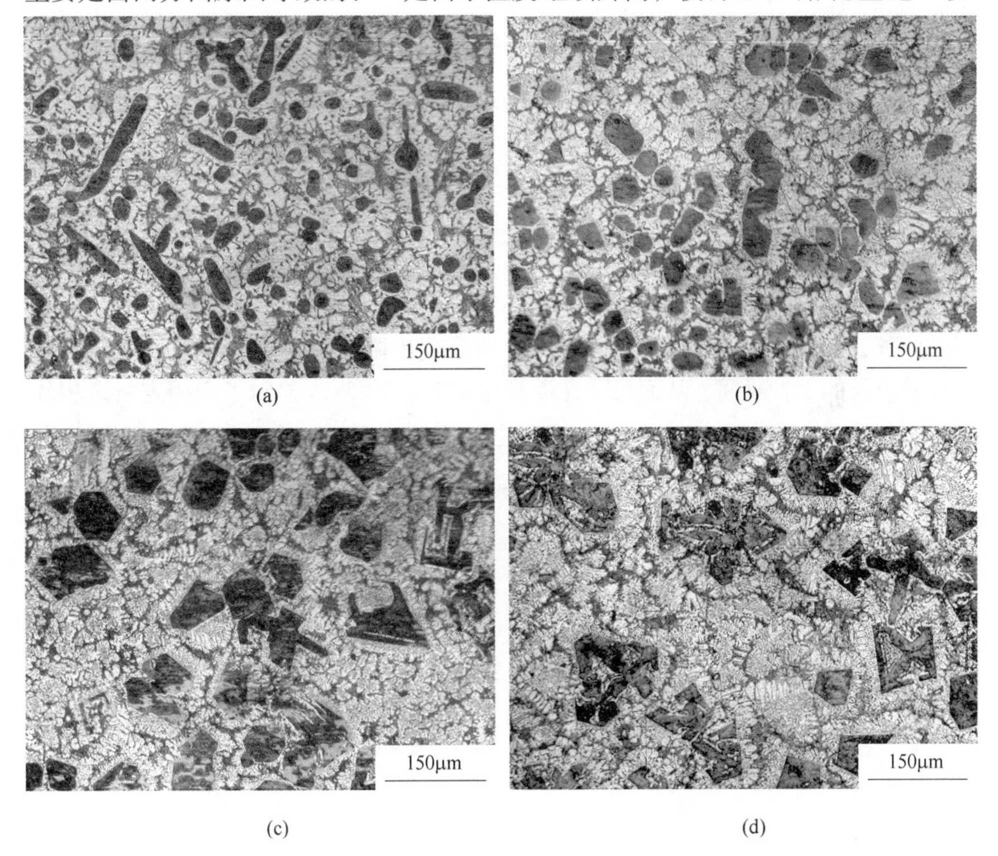

(a) (b) (c) (d)

图 5-13 层（Ⅳ）与（Ⅴ）的显微组织特征

(a) 层（Ⅳ）；(b) 层（Ⅴ）左部；(c) 层（Ⅴ）中部；(d) 层（Ⅴ）右部

增加；二是由于此区域没经过液淬，所以在凝固过程中，溶解的 Al、共晶 Si 和 Mg_2Si 重新发生共晶反应生成共晶相。层（Ⅳ）与（Ⅴ）却没有发现明显的界面，但是可以通过观察初生 Mg_2Si 形貌来区分层（Ⅳ）与（Ⅴ）。部分重熔区的主要特征是熔化温度在液相线温度以下，因此，初生 Mg_2Si 颗粒没有被熔化，它的形貌通过固相扩散或者被溶解而改变成为球形，椭球形，或者边角钝化的枝晶；相反，经过完全重熔和重新凝固的初生 Mg_2Si 则仍然呈现为带有棱角的多边形或者枝晶。因此我们可以确定图 5-13（b）为层（Ⅳ）与（Ⅴ）的界面，可见图 5-13（b）左侧部分呈现为边角钝化的特征，而右侧则逐渐呈现为多边形的特征。同时，对比图 5-13（a）与（b）可以发现靠近界面处初生 Mg_2Si 的尺寸明显增加，且 α-Al 表现为典型的枝晶特征，这主要是由处理温度的增加引起的。随着温度的升高，虽然仍处于液相线温度以下，但是初生 Mg_2Si 枝晶颗粒被溶解，只有少量的剩余，在凝固过程中，液相中的 Mg 与 Si 原子重新以原有的未熔化的 Mg_2Si 颗粒为衬底生长，使得其尺寸增加。也就是说，在液相线以下温度重熔，如果缓慢地凝固，在一定的温度范围内，重熔温度越高，初生 Mg_2Si 相尺寸越大，并可能超过原有的铸态组织中的尺寸。图 5-13（c）~（d）显示典型的重熔区组织的特征，图（c）中初生 Mg_2Si 呈现为多边形特征，少数为不规则形状，而图（d）则形成了典型的等轴晶。基体呈现为 Al 与 Si 和 Mg_2Si 形成的三元共晶，且很细小。图 5-13（c）与（d）的差别也是由温度的差异导致的，因为图 5-13（d）中有着更高的重熔温度，所以在凝固过程中，晶体有着较长的生长时间，从而使图（d）中 Mg_2Si 晶体尺寸更大。

此外，由图 5-12 和图 5-13 可以清楚地显现出随着温度的升高初生 Mg_2Si 颗粒有着更长的生长时间，从而尺寸在逐渐地增加，图 5-14 显示了利用定量金相软

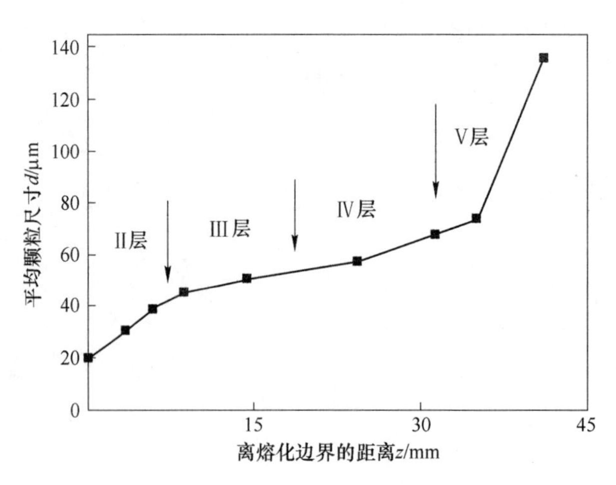

图 5-14　从层（Ⅱ）至（Ⅴ）利用定量金相测量的颗粒尺寸与距离的关系曲线

件测量的初生 Mg_2Si 的尺寸与距离层（Ⅰ）与（Ⅱ）边界距离的关系曲线。测量结果显示随着距离的增加，亦即温度的升高，初生 Mg_2Si 相的尺寸从层（Ⅱ）的 20μm 左右缓慢增加到层（Ⅳ）的 50μm 左右，进而迅速增加到层（Ⅴ）的 140μm。

5.4　本章小结

本章主要研究了采用电弧重熔技术和单向重熔淬火技术制备 Al-Mg_2Si 功能梯度材料，并研究了制备过程中组织演变机制，得出如下结论：

（1）实验发现经过电弧重熔后，由于散热条件的差异，Al-Mg_2Si 复合材料能够形成显微组织呈梯度分布的材料，其顶部为无方向性的枝晶，中部为从上至下互相平行的枝晶，底部为更细小的枝晶。同时，Mg_2Si 枝晶周围形成一薄层 α-Al“晕圈”。

（2）研究表明“晕圈”的形成主要是由于在凝固过程中，初生 Mg_2Si 相首先析出，并随着晶体的不断长大，液相内 Mg、Si 含量降低，铝含量升高，当固液界面的过冷度足够大时，α-Al 在 Mg_2Si 晶体的小平面上形核、结晶而形成 Al“晕圈”。

（3）分析表明由于底部大量的 Mg 和 Si 原子固溶到 Al 中形成过饱和固溶体，使得 Al-Mg_2Si 功能梯度材料的显微硬度由下至上逐渐增加。

（4）实验发现采用单向重熔淬火技术可以制备出多层功能梯度材料，按照显微结构的特征共分为五层，其中最底部为未熔化层（层（Ⅰ）），其次为部分熔化层（层（Ⅱ），（Ⅲ），（Ⅳ）），最顶部为完全重熔层（层（Ⅴ））；研究表明，由于重熔温度和冷却速度的差异使得功能梯度材料的组织成为多层。

（5）测量结果显示随着距离的增加，亦即温度的升高，初生 Mg_2Si 相的尺寸从 20μm 左右（层（Ⅱ））缓慢增加到 50μm 左右（层（Ⅳ）），进而迅速增加到 140μm（层（Ⅴ））。

6 Al-Mg_2Si 复合材料力学及磨损特性

6.1 Al-Mg_2Si 复合材料力学特性

在工程应用中，力学性能是衡量复合材料特性的一个重要指标。力学性能的高低直接影响到材料的用途和工作条件。复合材料的力学性能，除了受基体合金成分和微观结构影响外，更重要的是还受到增强相的影响。增强体分布、形态及其物理特性对于高性能的工程材料来说是至关重要的指标。均匀分布的增强体能够有效地提高材料的承受能力；相反，增强体分布的偏析降低了复合材料的延展性、强度和韧性；而增强体的形态也会影响到材料的韧性、抗拉强度和塑性等力学指标。同时，复合材料的基体是增强相的依托，它决定着材料的整体性能，因此，提高基体强度，将有助于提高材料的整体性能。本节主要研究磷变质与 T6 热处理后，Al-Mg_2Si 复合材料的布氏硬度的变化规律和材料的抗拉强度。

6.1.1 热处理后 Al-Mg_2Si 复合材料布氏硬度变化规律

在材料的改性研究过程中，通常采用热处理的方法来提高材料的力学性能，而对于 Al 合金而言，T6 热处理是一种常用的手段，即固溶与时效相结合。为了提高 Al-Mg_2Si 复合材料的硬度与强度，首先对其进行了 T6 热处理。热处理过程中，其重要的工艺参数是固溶温度与时间，时效温度与时间。固溶温度过高会使铸件产生过烧，而固溶时间过长不但不能使共晶相变得细小圆整，反而在长时间保温过程中通过扩散而长大。相反，如果固溶温度过低或者时间过短，则导致固溶不充分，许多亚稳相物质未全部溶解。因此，经过多次实验与金相观察，确定固溶温度为（500±5）℃，固溶时间为 10h，时效温度确定为 175℃，通过改变时效处理时间，来研究材料的硬度变化规律，进而确定热处理工艺。

时效后变质的复合材料布氏硬度与时效时间的变化关系曲线如图 6-1 所示。可见，随着时效时间的延长，材料的硬度逐渐增加，当时效时间达到 8h 时，材料的硬度达到最大值，然而随着时效的继续，材料的硬度反而降低。此外，实验发现变质的复合材料的硬度值与时效处理变化规律同未变质的复合材料都非常接近，因此，本实验省略了未变质的复合材料的时效处理与硬度变化关系曲线。经过 T6 热处理后，材料的硬度能够提高，有如下原因：根据 Al-Cu、Al-Mg 及 Al-Si 二元相图[176~178]，在本实验的固溶温度（500±5）℃条件下，Cu、Mg 和 Si 在铝中的溶解度分别为 4.5%，10.8%和 1%左右，所以在固溶热处理过程中，低熔点

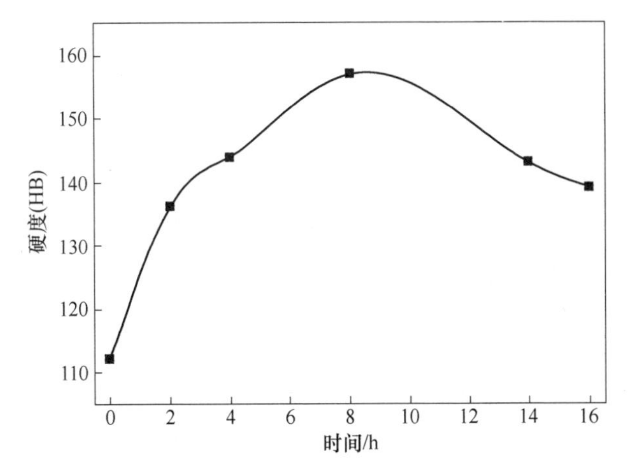

图 6-1 材料布氏硬度与时效时间的变化关系曲线

$CuAl_2$相，部分共晶 Mg_2Si 和共晶 Si 相在（500±5)℃、长时间保温的条件下能够溶解到铝基体中去，经过淬火后在室温条件下形成了亚稳定的过饱和固溶体。在 175℃人工时效的过程中，亚稳相和溶质原子的偏聚区逐渐析出，形成“饱和固溶体+析出相”的特征。由于新析出相的弥散分布，使得材料的硬度提高。在一般情况下[179]，过饱和固溶体的时效过程可分为四个阶段，即（1）形成 G.P.Ⅰ区；（2）形成 G.P.Ⅱ区；（3）θ′相形成；（4）平衡相形成。在第（3）阶段合金的硬度达到最大值，到了第（4）阶段，合金硬度反而下降，也就是过时效。

经过 T6 热处理后磷变质的显微组织如图 6-2 所示（固溶温度为（500±5)℃，固溶时间为 10h，时效温度为 175℃，时效时间为 8h)，其中（a）为低倍，（b）为高倍。由图可见，热处理后的显微组织中初生 Mg_2Si 相没有发生变化，共晶相

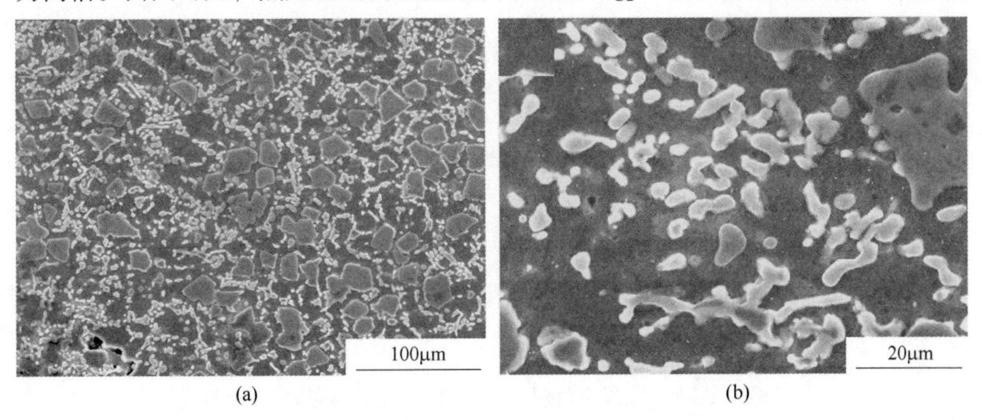

图 6-2 磷变质+T6 热处理后的 Al-Mg_2Si 复合材料显微组织

（a）低倍；（b）高倍

则由热处理前的粗大的针状或者纤维状（见图 3-14）转变为细小的点状或者蠕虫状，形貌如图 6-2（b）所示，其中白色为 $CuAl_2$相，灰色为共晶 Si 相，深灰色为共晶 Mg_2Si 相。对于复合材料而言，力学性能不仅受到增强相的影响，更重要的是基体的基本特征也决定了材料的整体性能，经过 T6 热处理后，基体组织中共晶相的圆整化、细化对材料性能的提高起到了一定的作用。

6.1.2　Al-Mg_2Si 复合材料抗拉强度

根据上节内容，当 T6 热处理工艺为固溶温度为（500±5）℃，固溶时间为 10h，时效温度为 175℃，时效时间为 8h 时，材料的硬度达到最高值，因此抗拉强度实验所用的样品按照以上热处理工艺进行 T6 热处理。未变质和变质的 Al-Mg_2Si 复合材料的应力-应变曲线如图 6-3 所示。由图可见无论变质前后，整个拉伸过程都表现为弹性变形，而没有出现明显的屈服现象。这是因为增强相 Mg_2Si 的引入，使得材料的变形能力差，塑性降低。虽然经过变质处理后增强相的形貌和尺寸发生了明显的变化，但是对于材料的塑性仍然有着较大的影响。对于铝合金而言，未经过退火处理的铝合金在拉伸过程中也仅有弹性变形过程与均匀塑性变形过程，而没有屈服变形阶段，只是经过退火处理后会出现屈服现象[180]。变质前后抗拉强度的数值见表 6-1，未经过变质处理的复合材料抗拉强度为 190MPa，伸长率为 1.08%；经过变质处理后抗拉强度值增加到 249MPa，伸长率增加到 1.35%。抗拉强度和伸长率的提高幅度分别为 31.1%和 25%，也就是说经过变质处理后，复合材料的抗拉强度与伸长率都有了大幅度的提高。

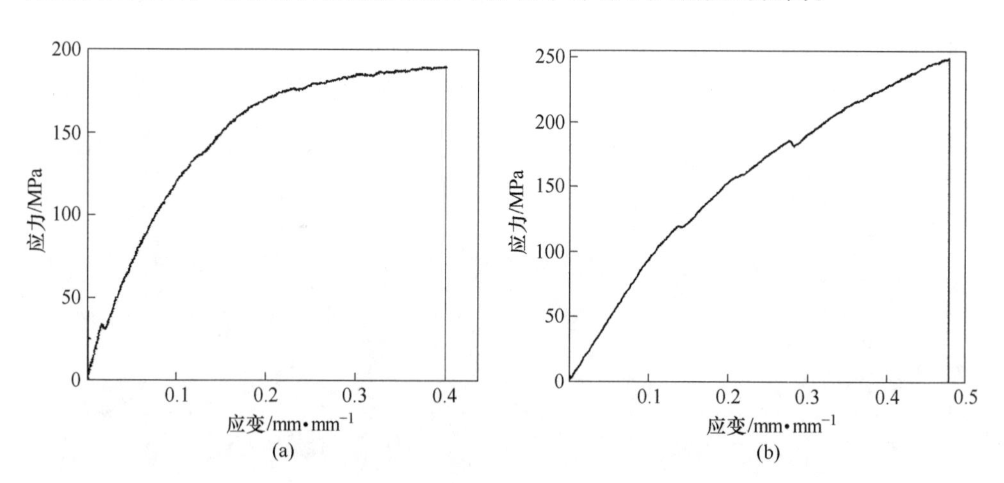

图 6-3　Al-Mg_2Si 复合材料经过 T6 热处理后的应力-应变曲线

（a）未变质；（b）磷变质

表6-1 T6热处理后未变质以及磷变质的Al-Mg_2Si复合材料抗拉强度（R_m）及伸长率（A）值

材 料	抗拉强度 R_m/MPa	伸长率 A/%
未变质	190	1.08
磷变质	249	1.35

经过变质与热处理后的复合材料断口形貌如图6-4所示，由低倍图（图6-4（a））可见在宏观上断口形成了凹凸不平的特征。高倍图（图6-4（b））可清楚地显示断口处的大部分Mg_2Si增强颗粒仍然呈现为完整的形貌，没有出现断裂的特征，如图中白色箭头所示，极个别的含有裂痕。断口处的Mg_2Si的形貌如图6-5所示，其中（a）显示出了Mg_2Si仍然有着完整的八面体特征，周围被韧性的α-Al所包围，而（b）显示出少部分初生Mg_2Si由于受压而出现裂痕。由图6-4（b）及图6-5可以看出Mg_2Si颗粒表面干净，几乎没有基体铝附着，可以判断出经过磷变质与T6热处理后的Al-Mg_2Si复合材料的断裂方式主要是在增强颗粒与基体界面处的撕裂，也就是说沿着Mg_2Si颗粒与铝合金基体结合处裂开。同时，由于部分初生Mg_2Si受压力而出现较大的裂痕，因此还有少部分的Mg_2Si发生解理开裂。通过断口处的横剖面图可以更加清楚地验证材料的断裂方式，如图6-6所示，可以清楚地显示出裂纹扩展是沿着共晶相及初生Mg_2Si相与铝基体的结合界面进行的。

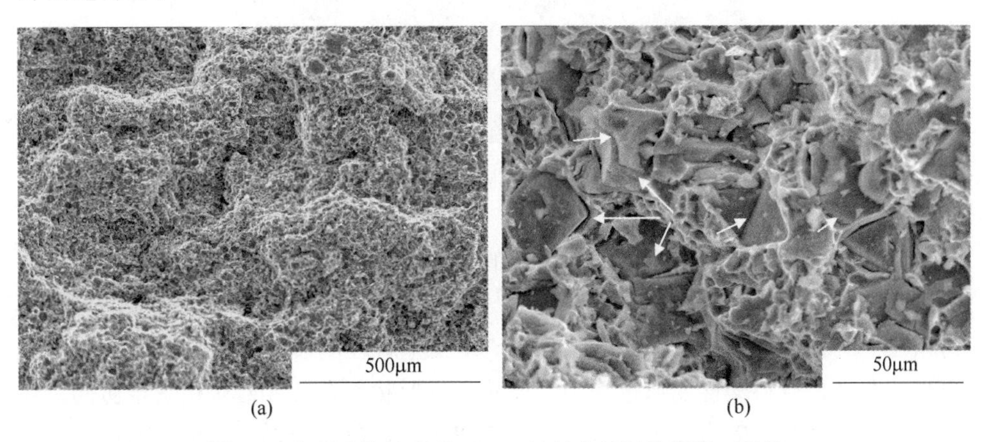

图6-4 变质及热处理后Al-Mg_2Si复合材料拉伸断口形貌

（a）低倍；（b）高倍

变质之前复合材料则表现出了较低的强度与塑性，这主要是由于初生Mg_2Si形貌及尺寸的不同而造成的。在拉伸过程中，复合材料所受到的载荷能够通过界面处传递到颗粒上。未变质的初生Mg_2Si颗粒，不仅尺寸大（超过200μm），且呈现为形状相对复杂的树枝晶，二次枝晶臂间是由较软的铝充填，一次枝晶内也

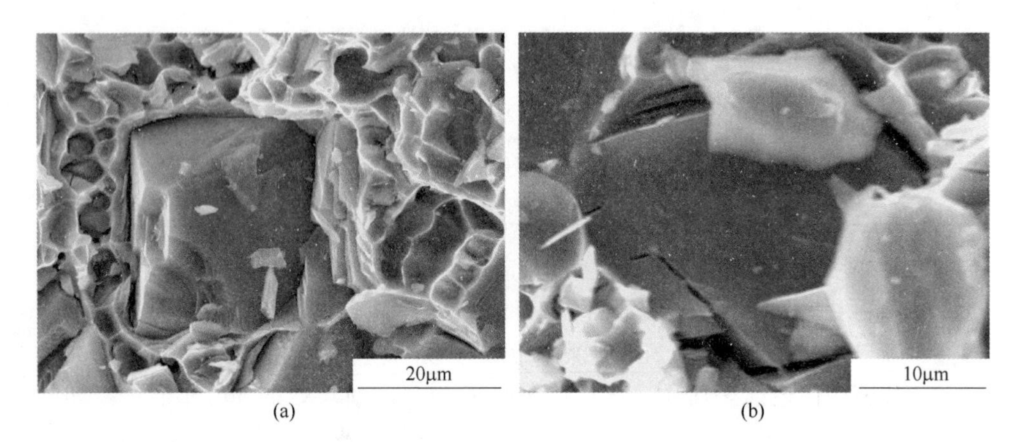

图 6-5　拉伸断口处初生 Mg_2Si 相形貌

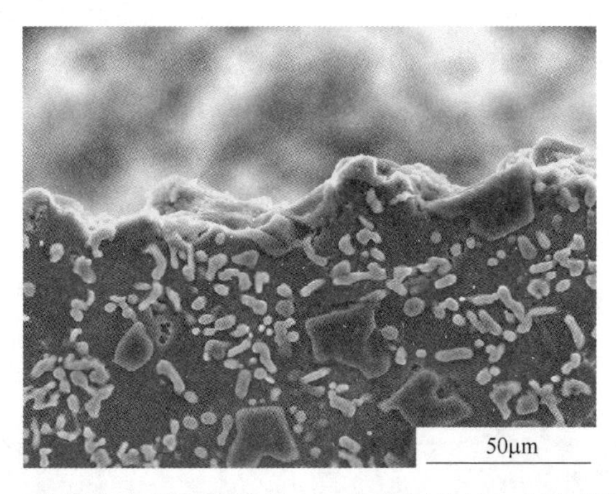

图 6-6　磷变质+T6 热处理后 Al-Mg_2Si 复合材料断口处的横剖面图

含有许多由于凝固后期溶质富集而形成的缺陷，这就使得基体和增强相的界面面积与变质的相比呈现数倍的增加。基体与颗粒的界面面积越大，通过界面处传递到颗粒上的载荷就越大，因此，初生 Mg_2Si 发生解理断裂的可能性就越大。与此同时，在复合材料塑性变形过程中，尺寸大且形状复杂的 Mg_2Si 相更难协同基体合金流动，易产生应力集中，这也进一步加剧了颗粒的开裂。相反，变质后的尺寸较小、形状规则的初生 Mg_2Si 相更容易和基体合金一起发生塑性流动，而且由于其尺寸小，内部致密，在应力作用下，不会发生开裂现象，或者只有极少数发生开裂现象。因此，裂纹扩展将会沿着颗粒与界面结合处或者在基体合金内进行，直至试样发生断裂。因此，变质之后的复合材料比变质之前有着更高的强度与塑性。另一方面，增强体的均匀分布程度也将影响到金属基复合材料的强度和延展性，即分布均匀程度越高，复合材料的强度和延展性也就越高[181]。屈服强度的增量与晶粒尺寸的关系可以用 Hall-Petch 关系[182~184]进行解释：

$$\Delta\sigma_{YS} \approx \eta d^{-1/2} \approx D^{-1/2}(V_m/V_r)^{1/6} \tag{6-1}$$

式中 $\Delta\sigma_{YS}$——屈服强度的增量；

η——和众多因素有关的因子，其典型值为 0.1MPa · $m^{-1/2}$；

d——晶粒尺寸；

D——增强颗粒尺寸；

V_m，V_r——基体和增强相的体积分数。

由式（6-1）中可以看出增强相尺寸的减小，必然可以使复合材料的屈服强度增加，这与实验获得的数据基本上是相符合的。

6.2 Al-Mg_2Si 复合材料磨损行为

磨损是材料失效的主要方式，其中摩擦磨损是指两个相对运动而发生作用的表面由于塑性变形、摩擦生热、环境介质和氧化等因素的影响，而使表面层发生组织结构、物理和化学的氧化过程[28]。摩擦能引起能量的转换而磨损则导致表面损坏和材料的损耗。本节主要研究变质前后的 Al-Mg_2Si 复合材料与纯铝在不同载荷、不同转速条件下的干滑动磨损失效行为。磨损实验是在销盘磨损实验机上进行，以复合材料作为销，轿车刹车材料作为盘，具体的工艺参数及实验装置详见第 2 章。滑动磨损测试实验设计为两种方式，如表 6-2 所示，其中测试 I 为选定盘旋转速率为 584r/min，测试距离为 2390m，不断地增加测试载荷；测试 Ⅱ 为选定测试载荷为 35N，测试距离为 905m，不断地改变对磨盘的转动速率。

表 6-2 测试 I 和 Ⅱ 的机械参数

实验	距离/m	速率/r · min^{-1}	载荷/N
测试 I（载荷的影响）	2390	594	25
			35
			45
			55
测试 Ⅱ（速率的影响）	905	300	35
		720	
		1020	

图 6-7 是磨损试样的显微组织，其中（a）是未变质的 Al-Mg_2Si 复合材料的组织，正如以前的研究结果一样，在未变质的复合材料中，初生 Mg_2Si 相呈现为粗大的树枝晶；而（b）为磷变质后的材料的显微组织，经过磷变质后，枝晶状的初生 Mg_2Si 相已经转变为细小的块状。

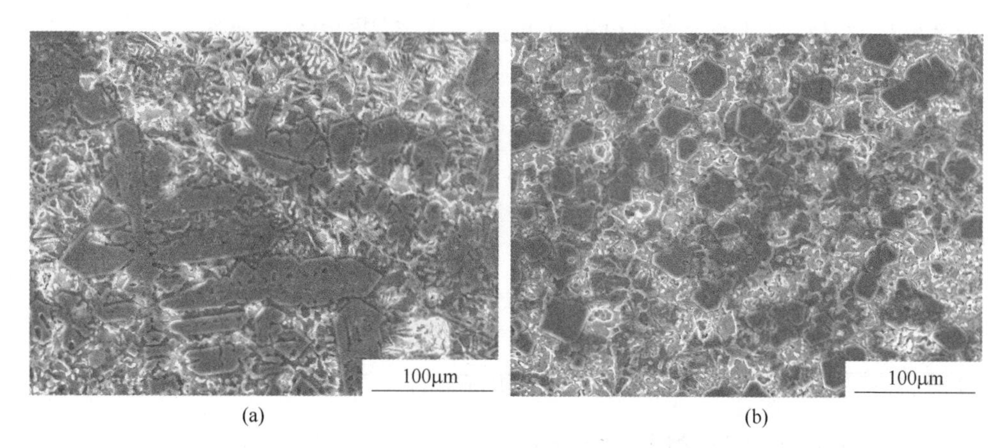

(a)　　(b)

图 6-7　$Al\text{-}Mg_2Si$ 复合材料 SEM 显微组织

（a）未变质；（b）磷变质

6.2.1　载荷对磨损行为的影响

纯铝、未变质的以及磷变质的 $Al\text{-}Mg_2Si$ 复合材料摩擦磨损数据曲线如图 6-8 所示。由图可知在一个恒定的滑动速度和距离的条件下，磨损率随着载荷的增加而增大。在曲线上，随着载荷的变化磨损率将落入两个区域：低载荷（25~35N）时，磨损速率随着载荷的增加而缓慢地增加；而在中载荷（35~45N）时，随着载荷的增加，磨损率呈现为非线性的快速增加。在图 6-8 中表现为首先是线性地增加，进而是快速增加。这些线性和快速增加阶段分别被称为温和磨损状态和剧烈磨损状态[185]。此外，在磨损过程中，在剧烈磨损状态之后还会出现撕脱磨损

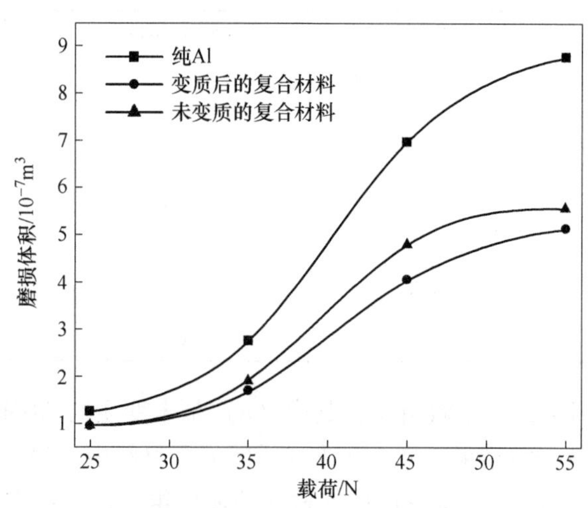

图 6-8　纯 Al、未变质以及变质的 $Al\text{-}Mg_2Si$ 复合材料磨损率与载荷的关系曲线

状态，其特征是随着载荷的增加，磨损率迅猛增加[185]。文献［185］报道称在载荷为 60N 左右时，纯铝与钢对磨时会出现撕脱磨损状态。然而，在这个状态下，通常会产生剧烈的震动，使得实验不易进行下去。本研究中由于最大施加载荷为 55N，所以无论纯铝还是复合材料均未出现这种磨损状态。当然，由图 6-8 可以明显看出，纯铝的耐磨性要低于 Al-Mg_2Si 复合材料，当载荷超过 45N 时，复合材料随着载荷进一步增加，磨损率的增加较为平缓，而纯铝却表现为快速的增加，主要原因就是复合材料中的 Mg_2Si 增强颗粒提高了材料的耐磨性。此外，还可以发现变质后的复合材料的耐磨性高于未变质的耐磨性能。在低载荷时，是轻微的粘着磨损结合磨盘中的硬质点对材料的切削作用，由此材料表面产生了轻微的涂抹、犁沟，亚表层也产生了微小的塑性变形，使得材料缓慢地失效。本节重点讨论在高载荷、剧烈磨损状态下三种材料的磨损失效机制。

为了分析磨损机理，对磨损表面进行了研究。在载荷为 55N 时，材料的磨损表面如图 6-9 所示，显示了在剧烈磨损状态下材料的表面特征。在纯铝的磨损表面存在着尺寸为 160μm 左右宽的沟槽，如图 6-9（a）所示。相比较而言，未变质的 Al-Mg_2Si 复合材料的磨损表面则相对较平整，仅仅形成了一些细的犁沟，同时还含有一些粗糙的弹坑，如图 6-9（b）所示。对于变质的复合材料，除了留有一些较浅的犁沟，没有表现出额外的磨蚀特征，如图 6-9（c）所示。由于纯铝较软，与复合材料相比，缺乏硬质点，所以在磨损过程中，发生了材料的犁削、粘着、撕裂，最后形成了磨屑使得纯铝磨损率较大，同时形成了较宽的沟壑。而对于复合材料而言，由于引入了增强相 Mg_2Si，使得磨损过程中增强相起到支撑作用，基体内的共晶相也使基体强化，这样就减少了撕裂、粘着，所以磨损表面仅仅形成了犁沟。但是由于未变质的复合材料初生 Mg_2Si 枝晶尺寸较大，且为脆性相，所以在高载荷的作用下，发生破裂后枝晶脱落，形成了弹坑。

剧烈磨损状态下亚表层的结构特征如图 6-10、图 6-11、图 6-14 所示。图 6-10（a）和（b）呈现了纯铝不同部位的亚表层特征，由图（a）可以显示出亚表层发生了明显的塑性变形，变形层的厚度为 60μm 左右；图（b）则显示出变形层将以磨屑的形式剥离的特征，厚度增加到了 90μm 左右。然而，在磨损表面及亚表层没有发现由于摩擦生热形成的氧化铝保护层。因此，可以推断出随着磨损过程的不断进行，对纯铝而言，首先形成了塑性变形层，进而转变为剥离的特征，如图 6-10（b）所示，随着磨损过程的继续，剥离层的厚度不断加深并且以磨屑的形式脱落，与此同时，剥离层的下部又不断地形成塑性变形层，如此周而复始地进行着。当然，虽然从亚表层的显微结构中未发现明显的氧化铝保护层，但是由于摩擦热，必然有部分铝被氧化，由于磨损处于大载荷的剧烈磨损状态下，氧化膜的生成速率可能远远小于表层的剥离速率，因此，没有发现氧化铝

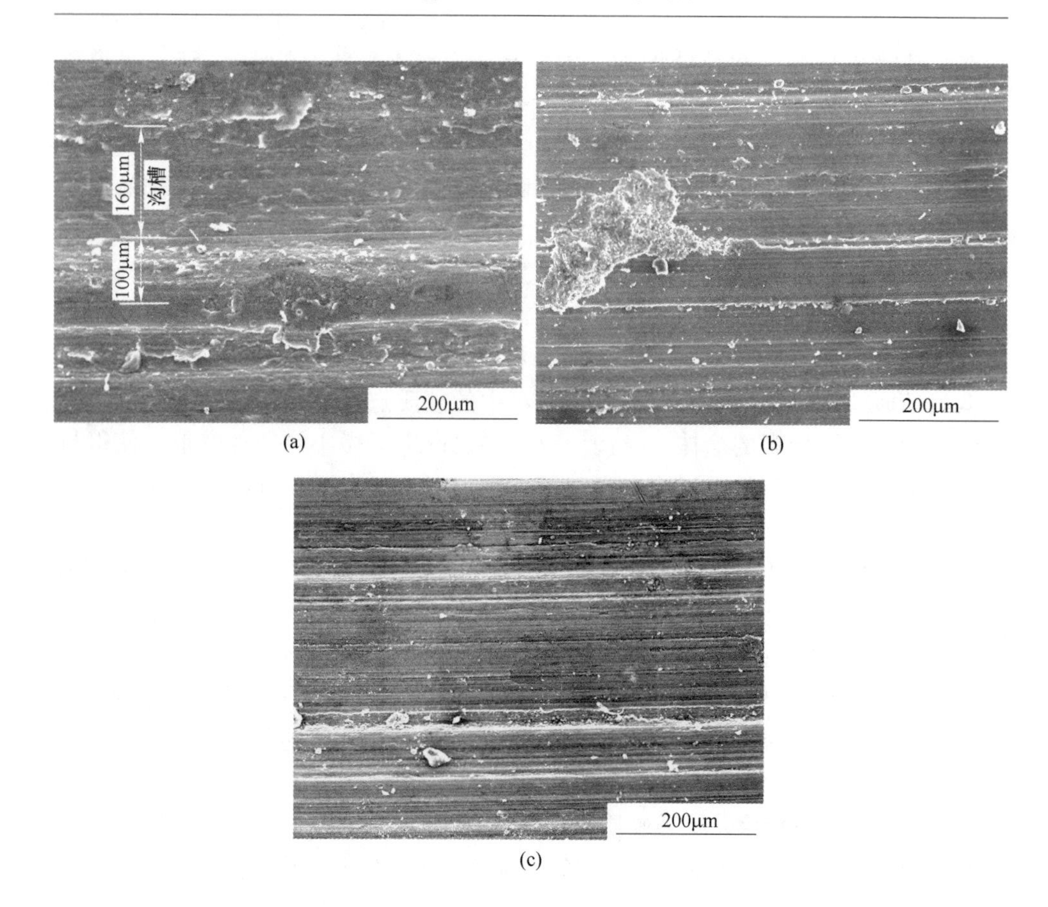

图 6-9　55N 载荷下，材料的磨损表面特征

（a）纯铝；（b）未变质的复合材料；（c）变质的复合材料

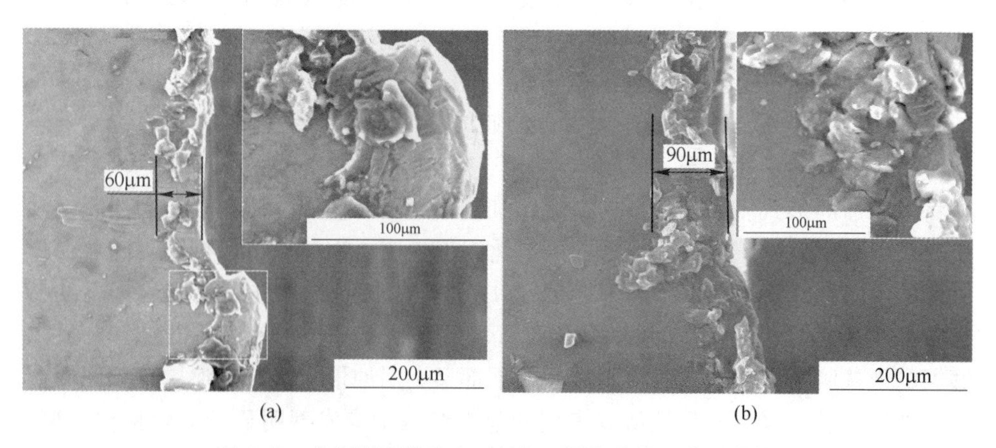

图 6-10　在剧烈磨损状态下纯铝不同部位的亚表层结构

膜，它的保护作用也变得微乎其微。这种摩擦生热形成的氧化膜，通常在温和磨损的状态下（低载荷）能够起到保护作用，可以延缓铝合金的磨损失效过程。通过 EDS 对磨损表面分析显示，表面元素除了铝之外，只有部分的氧，而没有发现其他摩擦盘中所含有的合金元素，如 Fe，Cu，Zn 等，如图 6-12（a）所示，这说明磨损过程中没有发生对磨盘向合金表面的材料转移。

图 6-11（a）和（b）显示了未变质的 Al-Mg_2Si 复合材料亚表层结构。由图 6-11（a）可见，复合材料的亚表层结构是由一个厚度约为 45μm 的变形层组成，在变形层中，粗大的初生 Mg_2Si 枝晶被破碎。而在亚表层的另一个部位，如图 6-11（b）所示，变形层与基体间出现裂纹，并且即将脱落。根据亚表层的特征，能够推断出如下磨损机制：与纯铝相比，由于初生 Mg_2Si 及共晶相的存在，塑性变形在一定程度上被限制。随着载荷的增加，未变质的粗大的初生 Mg_2Si 枝晶由于受到力的作用而被逐渐挤碎。破碎后的增强相与基体一起发生塑性变形与流动，形成了如图 6-11（a）所示的特征。随后，随着磨损的不断进行，在对磨材料摩擦力的作用下，塑性变形层出现了滑移，形成了明显的裂纹，如图 6-11（b）所示。通常，裂纹是从破碎的增强颗粒与基体的界面处产生的，在摩擦拉力的作用下，通过整个塑性变形层扩展，且这种裂纹产生与扩展的方式在研究过共晶铝硅合金的磨损行为时也会经常发现[186]。EDS 分析显示 Al-Mg_2Si 复合材料磨损表面仍然是由氧、铝、镁和硅元素组成，没有出现摩擦副材料转移现象，如图 6-12（b）所示。

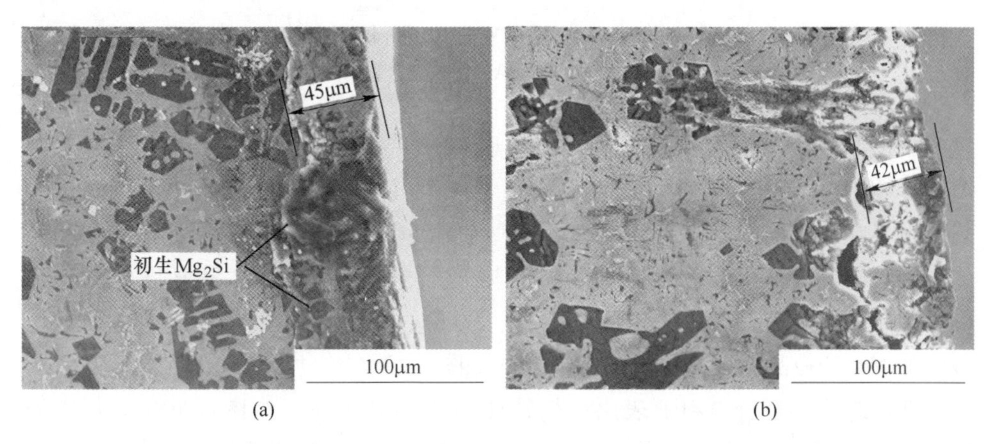

图 6-11　在剧烈磨损状态下未变质的 Al-Mg_2Si 复合材料不同部位的亚表层结构

图 6-13 是未变质的 Al-Mg_2Si 复合材料磨屑的 SEM 与 XRD 图谱分析。XRD 分析结果（图 6-13（c））显示磨屑主要是由 Al，Mg_2Si 和 Al_2O_3 相组成，但是值得注意的是在 XRD 图谱上，Al_2O_3 相只有一个峰强，不能准确地确定 Al_2O_3 相的

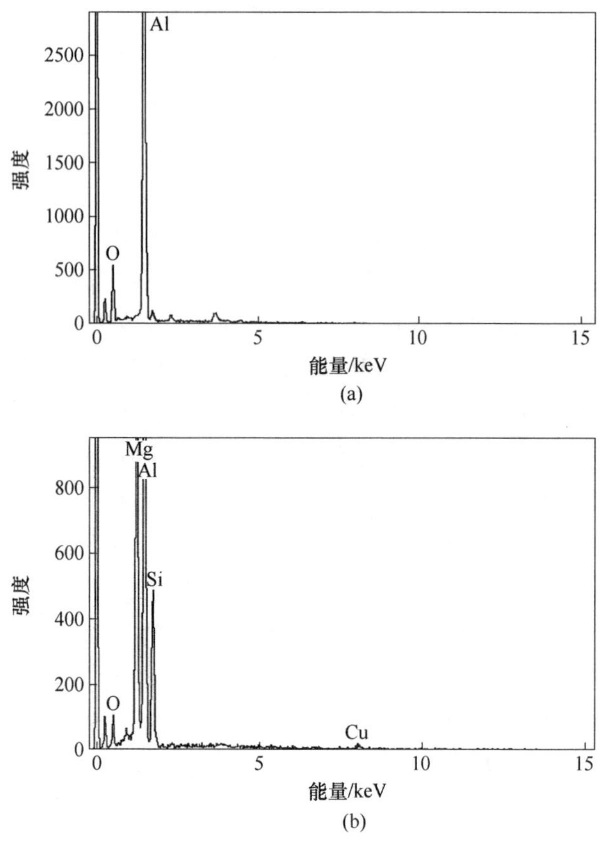

图 6-12　磨损表面 EDS 分析
（a）纯铝；（b）Al-Mg_2Si 复合材料

存在，但是 EDS 分析结果显示磨屑中含有氧，因此可以推断出磨屑中含有 Al_2O_3，因为含量相对较少，所以只出现了一个最强峰。在本实验中，所测试的三种材料在剧烈磨损状态下的磨屑均呈现为两种类型：小颗粒的团聚物和相对大的层片状碎屑。低倍和放大的层片状的未变质复合材料磨屑的 SEM 图如图 6-13（a）和（b）所示。层片状磨屑的尺寸为 2mm 左右（图 6-13（a）），它主要是由破碎的 Mg_2Si 枝晶以及基体组成，放大图如图 6-13（b）所示。

变质之后的复合材料亚表层结构特征如图 6-14 所示，由图可见一些长度为 33μm 左右的裂纹出现在亚表层上，然而这些裂纹垂直于磨损方向，并且没有发现明显的塑性变形现象出现。同时，一些变质后的初生 Mg_2Si 颗粒由于受到挤压而出现裂纹，但是没有发现破碎现象。因此，可以推断出变质后的复合材料在剧烈磨损阶段的磨损失效过程：在磨损过程中，变质后的初生 Mg_2Si 颗粒由于细小、致密，所以不易破碎，而且与未变质的枝晶相比，分布更加均匀，能够起到

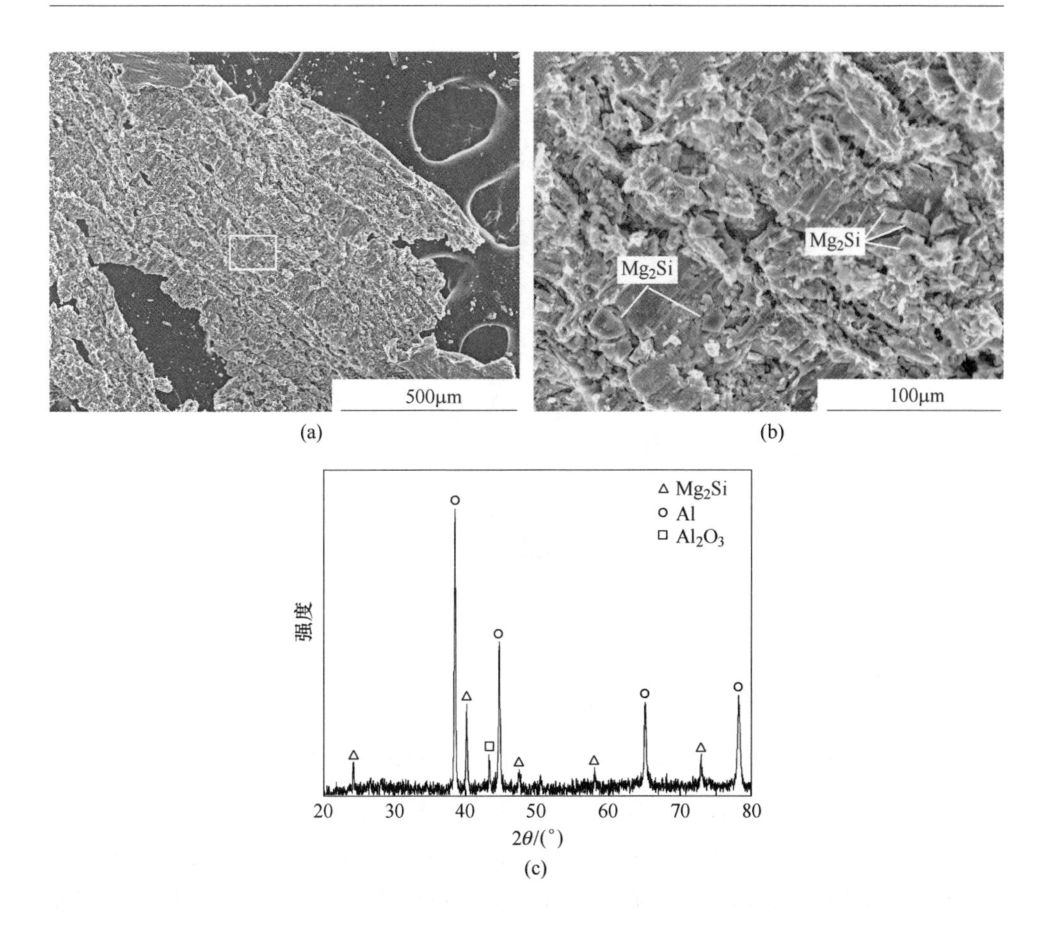

图 6-13 未变质的 Al-Mg_2Si 复合材料磨屑的 SEM 和 XRD 分析

（a）低倍；（b）高倍；（c）XRD 图谱

更强的支撑作用，因而在很大程度上抑制塑性变形的出现，所以亚表层上没有出现塑性变形的特征，取而代之的是纵向拉伸的裂纹。由于基体与增强体又有着良好的界面结合，故裂纹没有沿着界面向下扩展。抗塑性变形能力的增强使得变质后的复合材料耐磨性能高于未变质的复合材料。文献［187］曾经报道在 Al-7Si 中添加 0.9%Mg 后，热处理可以使共晶硅的形貌变得更加规则，磨损测试发现其能够有效地阻止流动和破碎现象的发生，导致磨损性能的提高，也就是说，增强颗粒形貌的改变有助于提高材料的抗磨损性能。当然，在一定的载荷下，随着磨损时间的增加，裂纹也将会产生，而大多数裂纹都会萌生于（破碎的）Mg_2Si 与基体的结合界面处，如图 6-14 中标记字母“A”处。随后，基体首先以磨屑的形式脱落，进而是增强颗粒失效脱落。

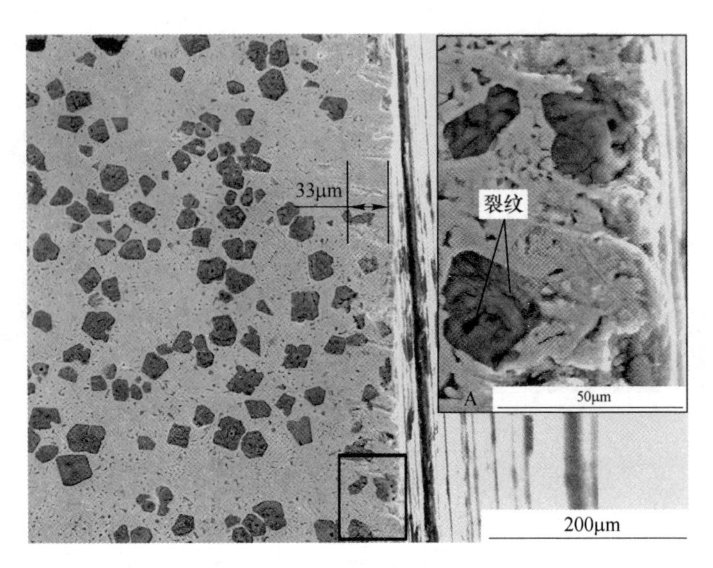

图 6-14　变质的 Al-Mg_2Si 复合材料亚表层结构特征

6.2.2　滑动速率对磨损行为的影响

在不同的转速条件下，纯 Al、未变质的以及变质的 Al-Mg_2Si 复合材料摩擦磨损数据如图 6-15 所示，由图可见随着滑动速率的增加，这三种材料的磨损率均在增加。转动速率为 1020r/min 时的磨损表面如图 6-16 所示，可见随着滑动速率的增加，纯铝的磨损表面变成了不含有犁沟的相对平坦的特征，并且有着明显

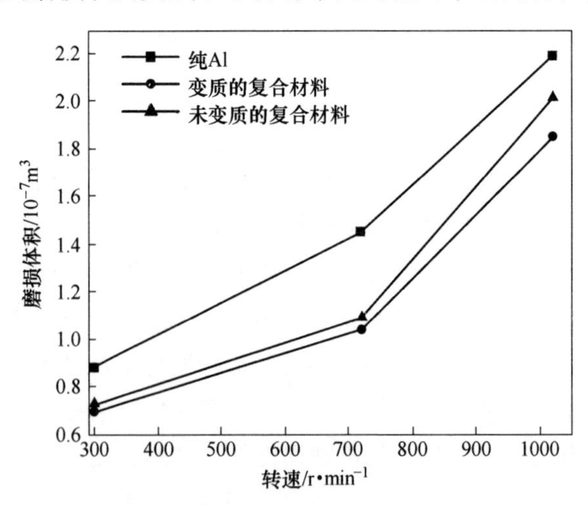

图 6-15　纯铝、未变质的以及变质的 Al-Mg_2Si 复合材料滑动速率与磨损率的关系曲线

的塑性流动的迹象，如图 6-16（a）所示，如在亚共晶铝硅合金中发现的明显的塑性流动现象一样[187]，这使得表面没有产生犁沟或者凹坑。众所周知，随着滑动速率的增加，单位时间内将会生成更多的摩擦热，在同样的导热条件下，高转速将会出现更高的局部温度。升高的局部温度会使表层和亚表层塑性流动的束缚减小，塑性流动的能力增加。与此同时，升高的表面温度将会有效地降低亚表层的剪切强度[185]，使得在与滑动面互相平行的平面之间发生大量的剪切运动，从而，加速了磨损材料的失效，尤其是较软的纯铝。

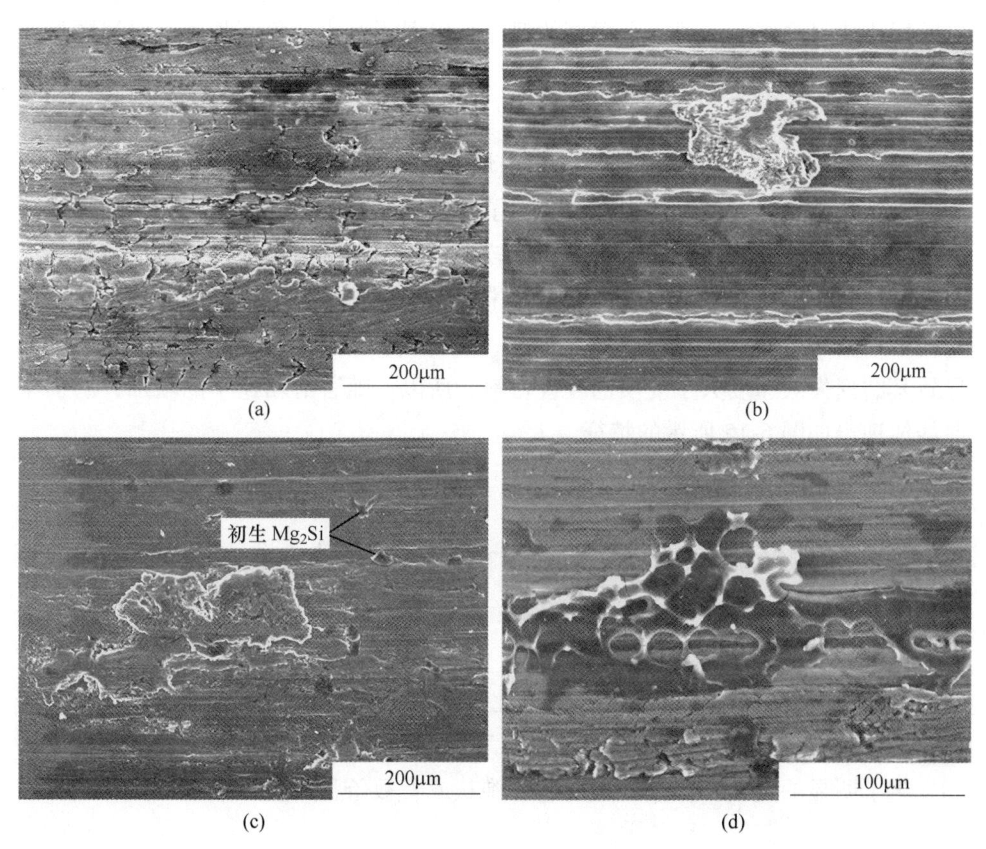

图 6-16　在对磨盘转动速率为 1020r/min 时材料的磨损表面特征

（a）纯铝；（b）未变质的复合材料；（c）变质的复合材料的低倍图；（d）变质的复合材料的高倍图

Al-Mg_2Si 复合材料在转速为 1020r/min 时的磨损表面如图 6-16（b）~（d）所示，可见未变质的复合材料也发生了较明显的塑性流动（图 6-16（b）），此外，还能清晰可见塑性流动之后残留的弹坑和犁沟。类似地，滑动速率的增加同样促进了复合材料的塑性流动，结果，未变质的粗大的枝晶状的初生 Mg_2Si 更易被破碎，形成磨屑。因此，与低滑动速率相比，磨损率增加。图 6-16（c）呈现了变质后的 Al-Mg_2Si 复合材料的磨损表面。值得注意的是在磨损表面仍然残留着一些突出来的 Mg_2Si 颗粒和一些凸起，其余则呈现为光滑的表面。这种特征的出现通常是由于较高的表面温度引起了较强的塑性流动，表面的某些部分被向前推动而形成了突起，所以，底层存在的 Mg_2Si 增强颗粒显露了出来。此外，一些初生 Mg_2Si 被拔除后脱落，典型的表面特征如图 6-16（d）所示，高倍图显示凸起部分是黑色的，同时其内含有一些 Mg_2Si 脱落后残留的痕迹。因此，我们可以推断出摩擦热使得局部达到了一个很高的温度，出现了熔化现象；基体对增强颗粒的束缚能力降低，增强颗粒脱落，形成了脱落后的痕迹。Kwok[188] 研究发现在对 Al/SiC 复合材料与工具钢盘进行对磨时，当转速达到一定速度时，Al 的表面发生了熔化现象。综上，可以推测随着滑动速率的增加，表面温度同时会增加，升高的温度降低了合金的剪切强度，促进了表层和亚表层塑性流动能力的增加，从而，使得材料被更快地破坏。但是相比较而言，没有增强相的纯铝塑性流动最为严重，因此，其磨损失重也就最严重。未变质的复合材料与变质的相比，流动能力的增加，必然使得枝晶破碎速度加快，较大的枝晶尺寸也使流动变形层较厚，导致其磨损失效速度大于变质的复合材料。所以，随着滑动速率的增加，磨损率曲线体现出如图 6-15 所示的特征。

6.3　本章小结

本章主要研究 Al-Mg_2Si 复合材料在 T6 热处理状态下其布氏硬度的变化规律、抗拉强度及磨损特性，得出了如下结论：

（1）实验发现，经过 T6 热处理后，材料的硬度有着明显的增加，当时效时间为 8h 时，材料的硬度达到最大值，此时变质后复合材料的抗拉强度和延伸率比未变质复合材料分别提高了 25%和 31.1%；热处理后材料的显微组织中的共晶相发生了明显的变化，由热处理前的纤维状或者板条状转变为细小的点状或者蠕虫状。

（2）磨损试验表明，在固定滑动速度的条件下，变质后的复合材料具有更高的耐磨性；在固定载荷，改变滑动速度的条件下，与未变质的复合材料相比，变质后的复合材料仍然具有较强的耐磨性。研究表明，变质后的初生 Mg_2Si 颗粒细小，致密，分布更加均匀，能够起到更好的支撑作用，且不易破碎，很大程度上抑制塑性变形的出现，抗塑性流动能力有了明显的增强，因而变质后的复合材料具有更高的耐磨性。

7 Al-Mg_2Si 复合材料的搅拌摩擦焊接

7.1 引言

搅拌摩擦焊接技术是英国焊接研究所于 1991 年发明的一种固相连接技术，它与传统的熔焊技术相比优势明显：接头缺陷少、质量高、变形小，焊接过程绿色、无污染，在航空航天、交通运输等领域有着广泛的应用。搅拌摩擦焊方法是利用摩擦热与塑性变形热作为焊接热源，由一个圆柱体或其他形状（如带螺纹圆柱体）的搅拌针（welding pin）伸入工件的接缝处，通过焊头的高速旋转，使其与焊接工件材料摩擦，从而使连接部位的材料温度升高软化，对材料进行搅拌摩擦来完成焊接的。焊接过程如图 7-1 所示，在焊接过程中工件要刚性固定在背垫上，焊头边高速旋转，边沿工件的接缝与工件相对移动。焊头的突出段伸进材料内部进行摩擦和搅拌，焊头的肩部与工件表面摩擦生热，并用于防止塑性状态材料的溢出，同时可以起到清除表面氧化膜的作用。在焊接过程中，搅拌针在旋转的同时伸入工件的接缝中，旋转搅拌头（主要是轴肩）与工件之间的摩擦热，使焊头前面的材料发生强烈塑性变形，然后随着焊头的移动，高度塑性变形的材料逐渐沉积在搅拌头的背后，从而形成搅拌摩擦焊焊缝。搅拌摩擦焊对设备的要求并不高，最基本的要求是焊头的旋转运动和工件的相对运动，即使一台铣床也

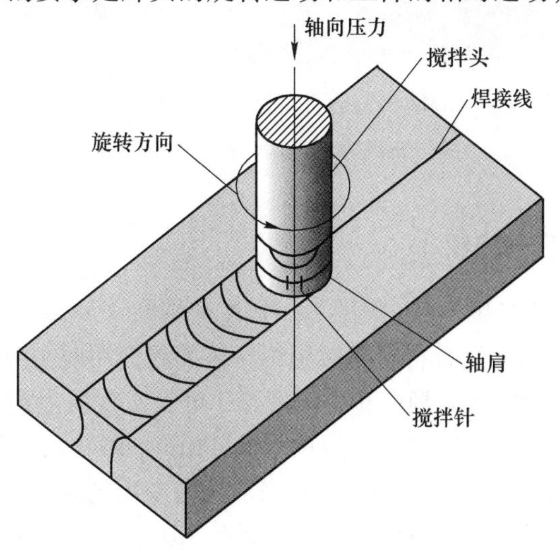

图 7-1　搅拌摩擦焊原理示意图

可简单地达到小型平板对接焊的要求。但焊接设备及夹具的刚性是极端重要的。搅拌头一般采用工具钢制成，焊头的长度一般比要求焊接的深度稍短。应该指出，搅拌摩擦焊缝结束时在终端留下个匙孔，通常这个匙孔可以切除掉，也可以用其他焊接方法封焊住。针对匙孔问题，已有伸缩式搅拌头研发成功，焊后不会留下焊接匙孔[189]。

7.2　Al-Mg_2Si 复合材料搅拌摩擦焊接

经过搅拌摩擦焊后，焊缝区通常形成四个区域：焊接核心区域（WN），热机械影响区（TMAZ），热影响区（HAZ），母材区域（BMZ）。图 7-2 是 Al-Mg_2Si 复合材料的光学显微组织图，右侧为前进端，左侧为后退端，可见，通过搅拌摩擦焊后 Al-Mg_2Si 复合材料形成了三个区域：焊接核心区（用字母 B 标记），热机械影响区（用字母 C 标记）和母材区（用字母 A 标记）。由于 Al-Mg_2Si 复合材料对热影响的敏感度较低，所以在焊缝中没有发现明显的热影响区。图中 D 区域是没有焊透的区域，主要原因是选择的被焊接合金板的厚度大于搅拌针的厚度，导致了合金板没有焊透。

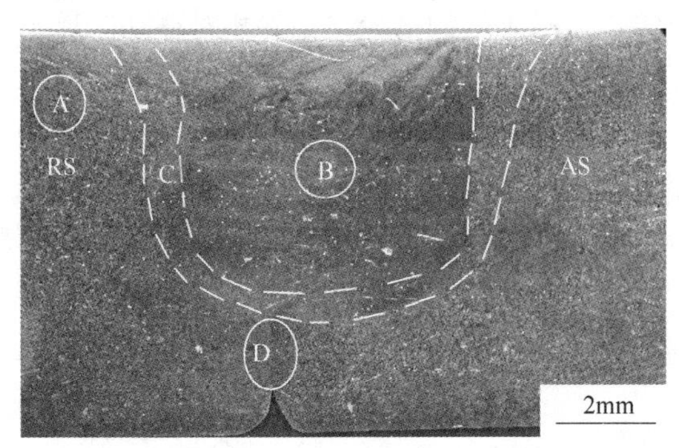

图 7-2　Al-Mg_2Si 复合材料焊接后的光学显微组织图，其中右侧为前进端，左侧为后退端

7.2.1　母材区域显微组织

母材的显微组织见图 7-3（即图 7-2 中 A 区域），(a) 和 (b) 分别是未变质的和磷变质的 Al-Mg_2Si 复合材料显微组织，正如我们在前文中所提及的，经过变质后，组织由枝晶状转变为颗粒状。由图 7-3 可见，变质之前 Mg_2Si 颗粒主要以树枝晶或者等轴晶的形式存在，平均尺寸为 44μm，颗粒尺寸的分布范围在 14~94μm 之间，大部分颗粒都小于 84μm；当加入磷变质剂后，初生 Mg_2Si 颗粒转变为颗粒状或者多边形形状，平均粒径减小至 8.2μm，大部分颗粒处于 5~11μm 之间。可见，经过变质后不仅颗粒尺寸减小，且颗粒的尺寸分布更加均一。经过氢

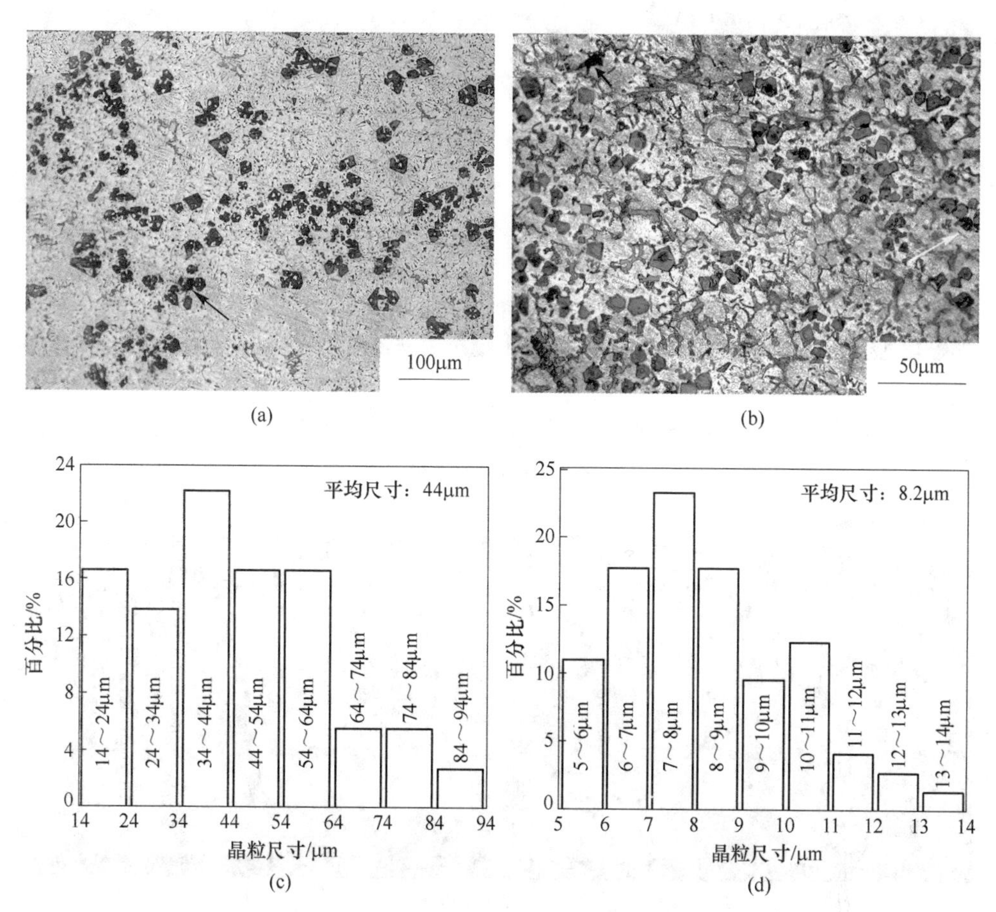

图 7-3 BMZ 区域的显微组织图和初生 Mg_2Si 颗粒的尺寸分布

（a）未变质的显微组织；（b）P 变质的显微组织；

（c）未变质的 Mg_2Si 尺寸分布；（d）P 变质的 Mg_2Si 尺寸分布

氧化钠萃取后颗粒的形貌见图 7-4，可见：未变质的初晶 Mg_2Si 相呈现为中空的特征，而变质的 Mg_2Si 则表现为八面体、十四面体以及其他多面体的特征。这个结果我们在上文中已经进行了讨论。

图 7-5 是 BMZ 区域 SEM 显微组织图，可见，变质之后，除了初晶 Mg_2Si 发生了变化，共晶 Mg_2Si 和共晶 Si 也被改变，其中共晶 Mg_2Si 相由粗大的菊花状改变为短纤维状，且数量有所减少，共晶 Si 由板条状变为短块状。

7.2.2 焊接核心区显微组织

焊接核心区的显微组织见图 7-6（图 7-1 中 B 区域），可见，同母材相比，不论是变质的材料还是未变质的材料，其初生 Mg_2Si 颗粒的偏聚现象均有所减轻，

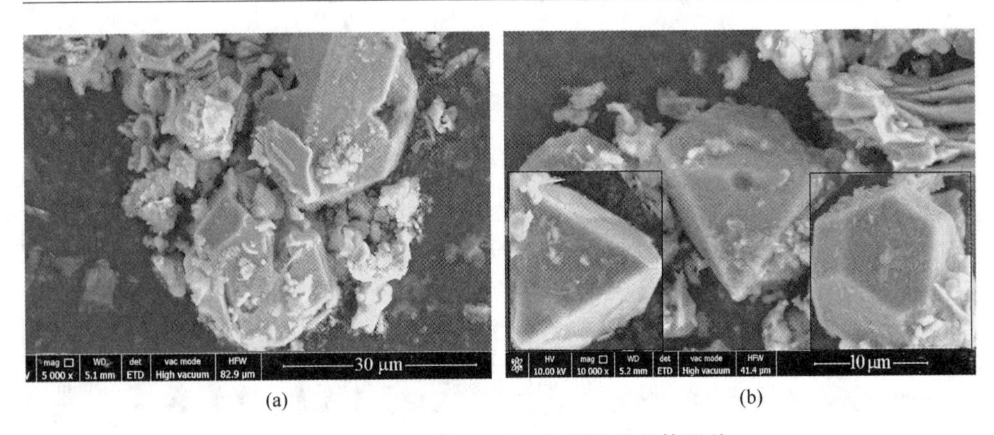

图 7-4　BMZ 区域初生 Mg_2Si 颗粒的具体形貌

（a）未变质的；（b）P 变质的

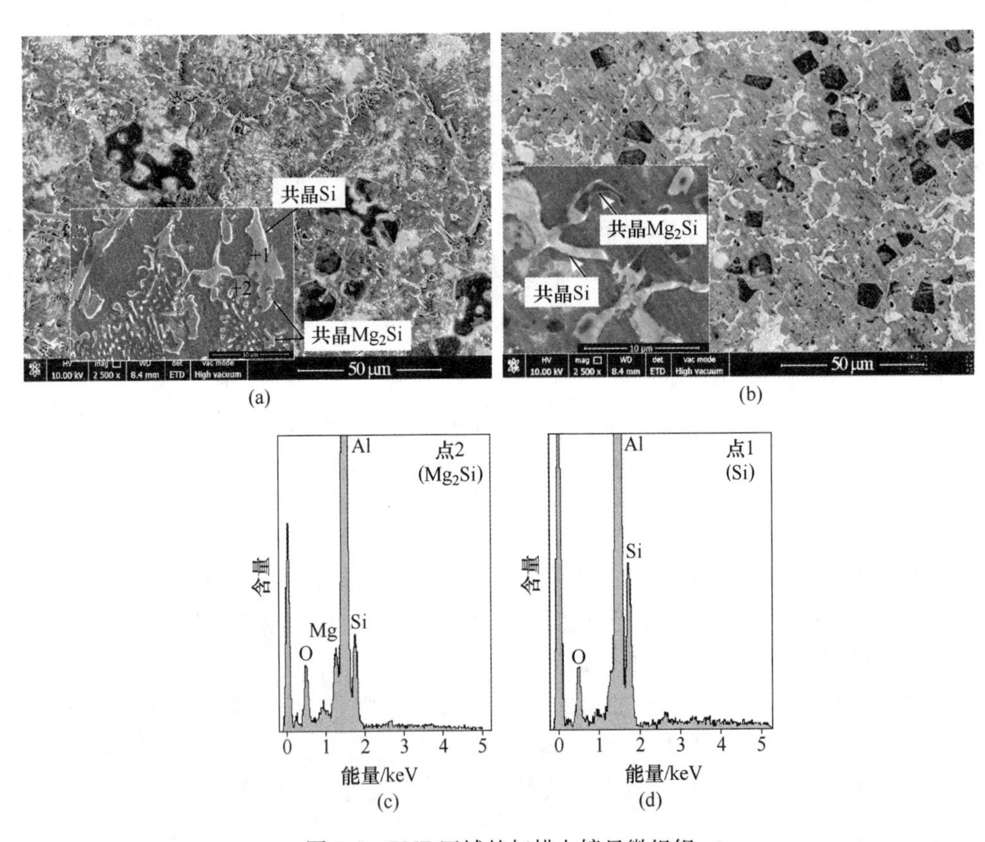

图 7-5　BMZ 区域的扫描电镜显微组织

（a）未变质的；（b）P 变质的；（c）图（a）中点 1 能谱分析的结构；

（d）图（a）中点 2 能谱分析的结构

也就是说经过搅拌摩擦焊搅拌后 Mg_2Si 颗粒分布更加均匀。但是，未变质的初生 Mg_2Si 颗粒经过焊接后颗粒分布的均一性较差，如图 7-6（a）中被选定的区域，颗粒尺寸的分布在 4~24μm 之间，其中 4~10μm 区间各种尺寸的颗粒所占的比例几乎相等，此外，经过搅拌摩擦焊后颗粒的尺寸大幅度地减小。当磷加入后，颗粒尺寸的分布有了大幅度的提高，如图 7-6（b）和（d）所示，颗粒分布的主要区间是 3~15μm，并且大部分处于 5~10μm 之间。也就是说变质的复合材料经过焊接后尺寸更加细小。值得一提的是同铸态组织相比，经过搅拌摩擦焊后，材料的组织更加致密，缩孔和缩松基本上消除，当然，未变质的复合材料偶尔会发现一些夹杂。

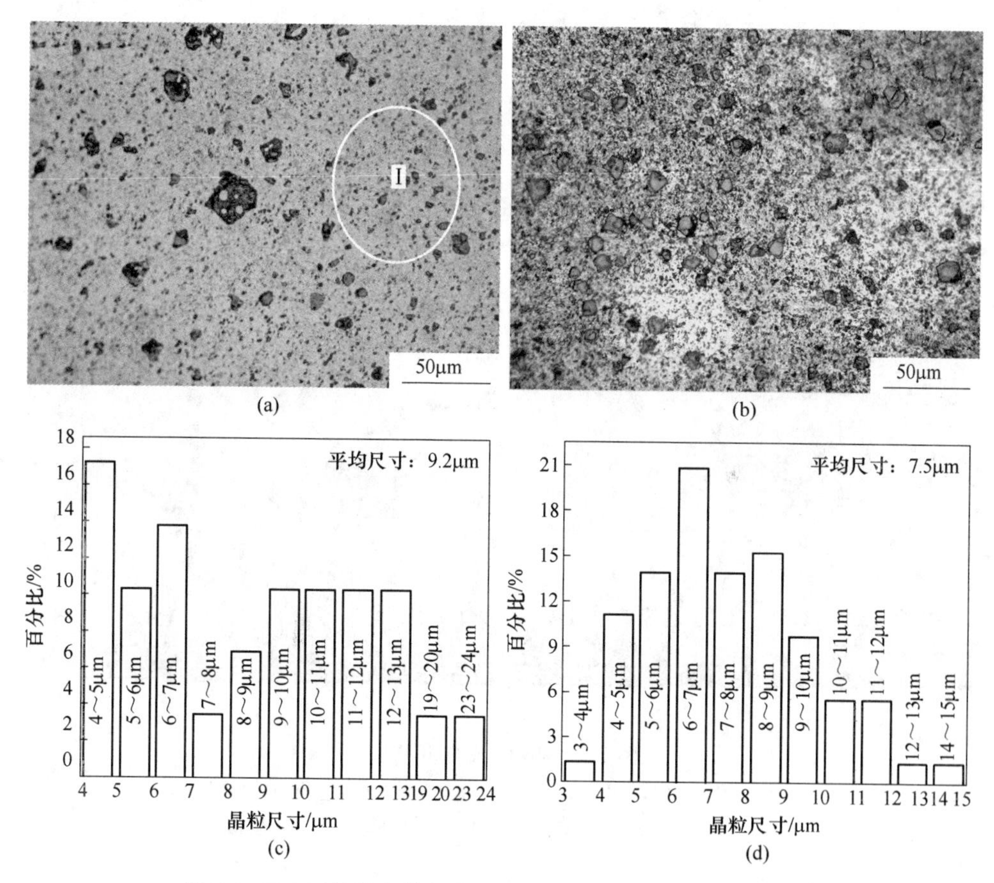

图 7-6 WN 区域的光学显微组织和初晶 Mg_2Si 颗粒的尺寸分布

（a）未变质的显微组织；（b）P 变质的显微组织；

（c）未变质的 Mg_2Si 尺寸分布；（d）P 变质的 Mg_2Si 尺寸分布

搅拌摩擦焊后初晶 Mg_2Si 颗粒形貌的改变变得更加明显，见图 7-7。对于没有变质的初晶 Mg_2Si 颗粒，其形貌转变为等轴晶或者是不规则形状的晶体，这种不规则形状相当于最初的树枝晶被直接“打”碎。当变质后，初晶 Mg_2Si 颗粒经过摩擦焊后变成了边角圆滑的颗粒，可以推断出在搅拌过程中经过摩擦棱角被磨蚀掉。具体的 Mg_2Si 颗粒的特征见图 7-7（c）和（d），通过氢氧化钠萃取获得颗粒，这些颗粒和二维图基本上类似。经过摩擦焊后，共晶相的变化也较为明显，不论是变质的还是未变质的经过焊接后共晶相都变成了细小的颗粒，当然，变质的共晶相颗粒分布更加均匀。此外，在焊缝的一些区域出现了竖向流动的现象，见图 7-8，出现了材料组织互相平行的条带状的特征。

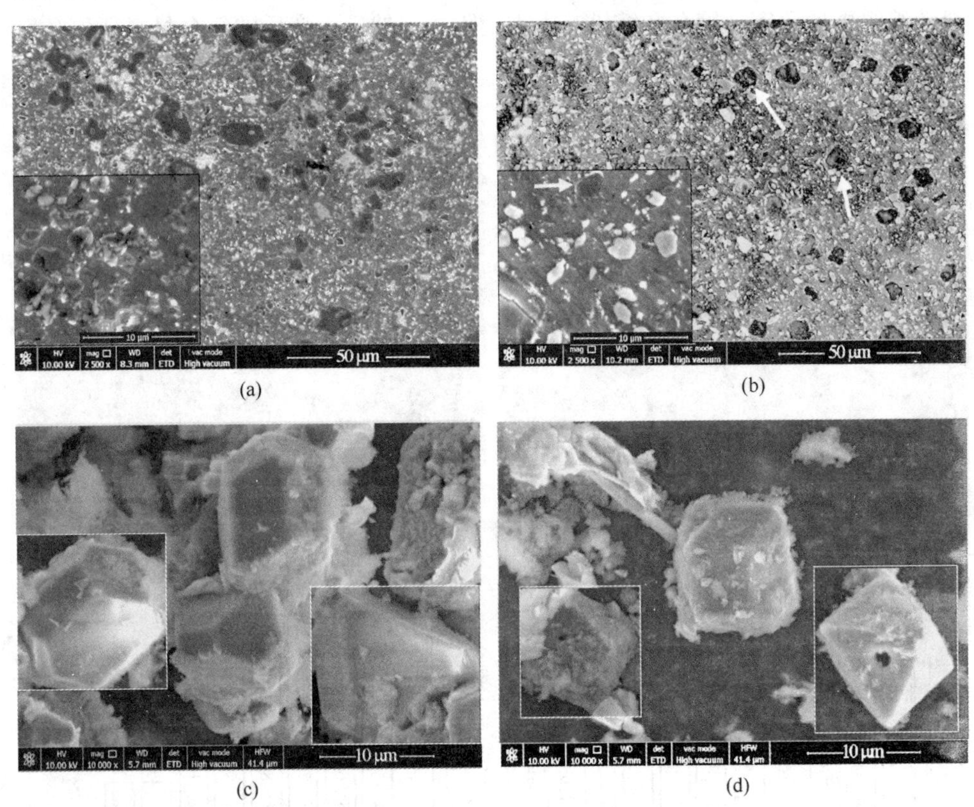

(a)　(b)

(c)　(d)

图 7-7　WN 区域的 SEM 图

（a）未变质的；（b）P 变质的；（c）未变质的初晶 Mg_2Si 具体形貌；

（d）P 变质的初晶 Mg_2Si 具体形貌

关于搅拌摩擦焊的机理研究得较多，许多研究者认为搅拌摩擦焊是一种热加工过程，在这个过程中被焊接材料在搅拌肩和搅拌针的共同作用下发生了严重的塑性变形；同时，在这个旋转和摩擦过程中产生了大量的热量。通常产生的热量会使被焊接的铝合金材料的温度升高至 0.8 倍的熔化温度。由于这种大的塑性变形和较高的温度，初生 Mg_2Si 枝晶和颗粒被破碎并重新分布，使得颗粒的分布更

图 7-8 WN 区域中出现的互相平行的具有一定方向的初生和共晶 Mg_2Si 相

加均匀。由于在未变质的 Al-Mg_2Si 复合材料中，粗大的枝晶对塑性变形和流动产生了较大的阻碍作用，因此，就导致了未变质的复合材料中 Mg_2Si 变得粗细不均。相反，变质后初晶 Mg_2Si 尺寸细小，分布均匀，抵抗塑性变形和流动的能力大幅度降低，因此在搅拌的过程中更加容易变形和流动，从而导致变质的初晶 Mg_2Si 颗粒更加细小和均匀，在充分搅拌的过程中导致颗粒的棱角变得更加光滑。毫无疑问，在搅拌过程中共晶相也被破碎。

7.2.3 热机械影响区（TMAZ）的显微组织

图 7-9 是热机械影响区的显微组织（图 7-2 中 C 区域），可见，在未变质的复合材料母材区和热机械影响区之间有着明显的分界面（图 7-9（a）），向着母材区域方向，初生 Mg_2Si 的体积分数在逐渐减少。在变质的复合材料中，这条分界面仍然存在，见图 7-9（b）。在这个区域，初生 Mg_2Si 的颗粒尺寸变化不大，但是体积分数却发生了明显的变化，当接近热机械影响区时，颗粒尺寸开始减小。同时，可以发现缩孔也是逐渐减少的。正如在上文所讨论的，在搅拌摩擦焊接过程中发生较大的塑性变形，并且材料的最高温度可以达到 0.8 倍的材料熔点，也就是说最大的温度已经超过了固溶热处理温度，在这个温度条件下，材料的强度、硬度等性质几乎没有。此时，枝晶或者不规则形状的初生 Mg_2Si 被破碎，一些细小的枝晶固溶到基体中，这就导致了靠近热机械影响区区域初生 Mg_2Si 相的体积分数降低。因此，能够推断出在铝基体中低熔点相可能会增加。

未焊透的显微组织见图 7-10，即图 7-2 中 D 区域，可见，在Ⅰ区域和Ⅱ区域之间有一条长长的裂纹，见图中方框选中的部分。在靠近热机械影响区的部分，裂纹（或未焊透的两个金属板的界面）变得越来越窄，同时开始弯曲。图 7-10

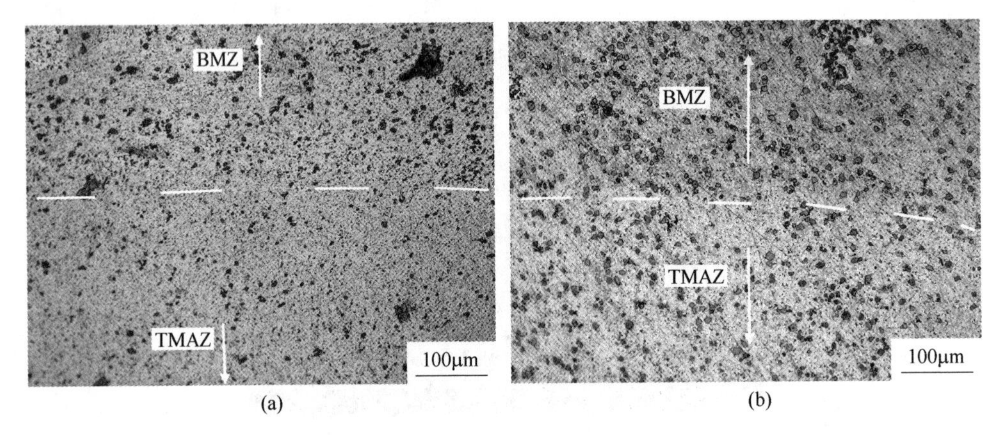

(a)　　(b)

图 7-9　热机械影响区的光学显微组织
（a）未变质的；（b）变质的

（a）的右上角是裂纹靠近热机械影响区的放大部分，这更加明显地看出变窄和变弯后的特征。但是，当加入磷变质后，这个金属板之间未焊合的裂纹同未变质相比更加细小，见图 7-10（b）。这种差异主要归功于变质前后显微组织的变化以及组织中硬质点形态的变化。很明显，经过变质后，共晶相和初晶相都变得更加细小，这种细化的显微组织不仅减缓了焊核区域蠕变和变形的阻力，同时也减轻了靠近焊核区域的阻力，也就是对热机械影响区的影响。在焊核区域发生剪切和应变过程中，在热机械影响区也发生这部分的剪切作用。这种变质后的减缓作用，使得变质后的未焊合区域的裂纹被压缩而更加细小。因此，从上可以看出变质不仅仅影响到组织，还会影响到焊接后的裂纹的扩展及延伸等一系列过程，这在焊接冶金学过程中都有所体现。

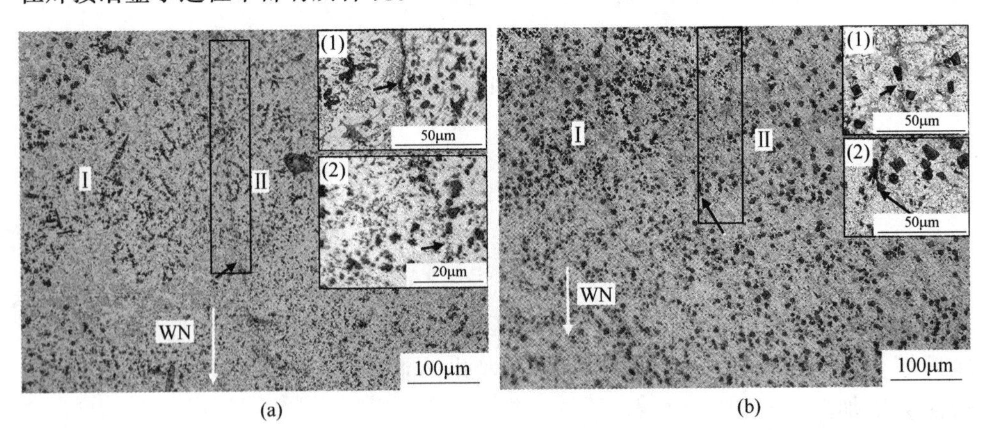

(a)　　(b)

图 7-10　未焊透的显微组织特征
（a）未变质的；（b）P 变质的

7.2.4 不同区域的固相线温度

焊接接头不同区域的热分析（DSC）实验曲线见图 7-11，其中图 7-11（a）和（b）分别是加热和凝固过程，图中 Nos. 1~4 分别对应着表 7-1 中所对应的区域。由图 7-11（a）DSC 曲线可见，在熔化过程，即加热过程中有两个吸热峰，这两个吸热峰分别对应于共晶相和初生相的熔化，其中，Nos. 1~4 共晶相的熔化温度分别是 537℃，532℃，520℃和 516℃，即固相线温度值。另一方面可以看出变质的合金的焊接核心区和母材区具有相同的初生相的熔化温度，533℃，而共晶相温度却发生了变化。但是未变质的合金在焊核区域和母材区不仅共晶相发生了变化，初晶相同样发生了变化，即初生相温度在焊核区域和母材区分别是 553℃和 562℃。这显示出在焊核区域材料的固相线温度同母材区相比不论是变质的还是未变质的都降低了。当然，磷变质的材料各个区域都具有更低的液相线温度。

再来看一下凝固过程，由图 7-11（b）可见，在 DSC 曲线上凝固过程有四个放热峰，这些放热峰分别对应于初生 Mg_2Si，α-Al，共晶 Mg_2Si 以及共晶 $CuAl_2$ 相的析出过程。同时可以显示出不论是焊核区域，还是母材，未变质的材料具有相同的共晶相和初生相的结晶温度，变质的材料也具有相同的特点，不同之处在于变质的材料具有更低的结晶温度，同时可见，样品 2~4 具有相同的初生 Mg_2Si 结晶温度，但是都低于样品 1。

表 7-1 图 7-11 中样品 1~4 所对应的合金型号以及焊接区域

样品	No. 1	No. 2	No. 3	No. 4
材料类型	未变质合金的母材	未变质合金的焊核	变质合金的母材	变质合金的焊核

焊核区域固相线温度的降低（图 7-11 中样品 2~4）显示出可能出现了固溶过程，因为固溶现象能够导致共晶相和初生相所占有的比例关系发生变化，使得共晶相中 Mg 和 Si 的含量增加，引起了固相线温度发生变化。很显然，这种固溶主要是由于搅拌摩擦焊接过程的热加工造成的，也就是说，随着摩擦的产生，搅拌过程导致枝晶破碎，随着搅拌温度的上升，达到 0.8 倍的熔化温度，破碎的 Mg_2Si 通过扩散溶解到基体中形成固溶体。同样的，这种固溶也能够引起初生 Mg_2Si 相体积分数的降低。然而，这种固溶仅仅是影响到共晶相及基体的成分组成，所以在 DSC 曲线中除了 1 号样品，其他样品并没有发现初生相温度的变化。除了 1 号样品外，任何区域的初生相和共晶相的结晶温度在凝固过程中焊接前后都没有发生变化进一步严重了固溶现象的存在，也就是说，熔化过程固相线温度因成分的变化而发生变化（主要是初生相和共晶相的比例发生了变化），但是当样品完全熔化后，在凝固过程中，不论焊接的哪个区域液态熔体的组成都是一致的，因此，凝固过程的结晶温度理论上是不会发生任何变化的。磷的加入能够导

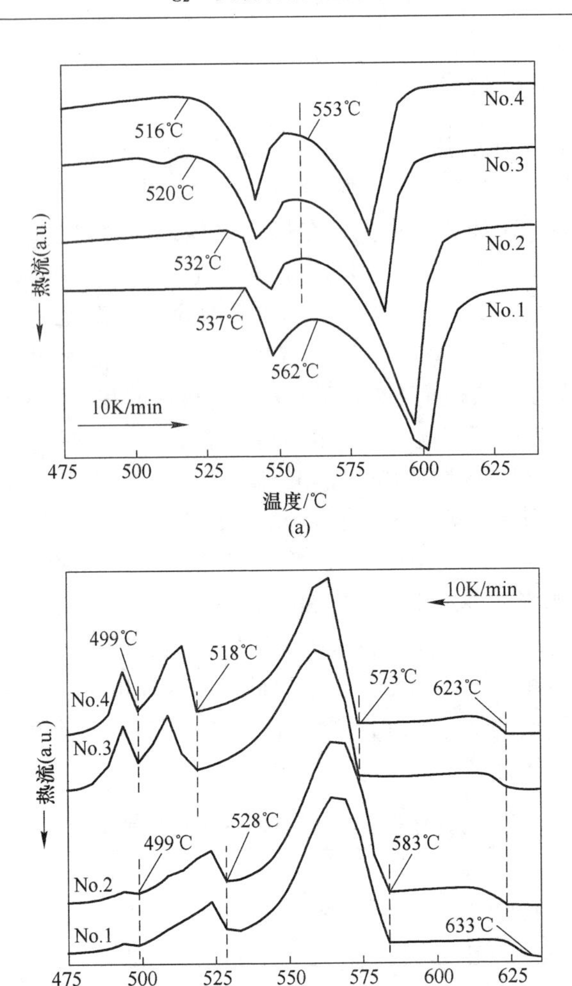

图 7-11　Al-Mg_2Si 复合材料不同区域的 DSC 曲线

（a）加热过程；（b）凝固过程

致固相线和液相线温度的降低（我们在前文也进行了简单的探讨），一种可能的原因就是变质剂 Cu-P 合金中 Cu 的引入，导致更多的低熔点相 $CuAl_2$产生，从而引起了熔点的变化；另一方面，未变质的 1 号样品熔化和结晶温度的变化可能是由于初晶 Mg_2Si 形貌变化引起的，形貌的不同会导致表面能的差异，引起熔点发生变化。

7.2.5　力学性能

图 7-12 是焊接接头和母材显微硬度的测试情况，可见焊核区基体材料的硬

度高于热机械影响区和母材区，变质的材料具有更高的硬度。硬度的变化主要基于两个原因：其一是成分的变化导致了硬度的上升，当搅拌摩擦焊后，部分断裂的枝晶固溶到基体中形成了固溶体，其他一些直接混入铝基体中，形成了铝和细小的 Mg_2Si 颗粒的混合体，在这多种情况的影响下，导致了硬度的上升；其二是孔洞的减少，通过机械搅动，导致了溶质重新分配，致密性有所增加，致密度增大，使得硬度上升。

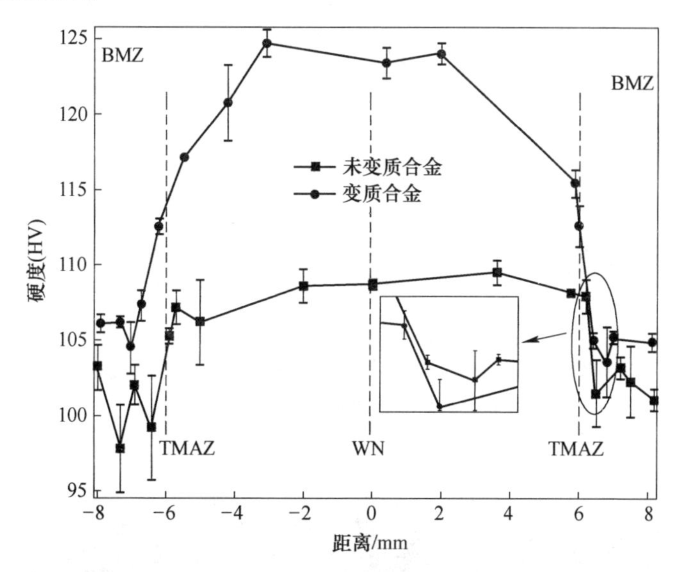

图 7-12 焊接接头和母材的显微硬度测试曲线

图 7-13 显示了焊接接头和母材的应力-应变曲线，图中 a~d 分别表示未变质的母材，未变质的焊接接头，变质的母材和变质的焊接接头。由图可见，不论是变质的还是未变质的焊接接头，其极限抗拉强度均高于它们的母材，分别提高了5%和 8%。变质的焊接接头的抗拉强度比未变质的高 21%，但是伸长率变化不大。

焊接接头宏观断裂特征见图 7-14，其中白色箭头处为未焊合的部分。可见，不论是未变质的还是变质的材料都是从未焊透的缺口处断裂，当然，母材的断裂也是从预制缺口处开始。对于未变质的材料，断裂沿着热机械影响区的边界进行，如图 7-14（a）所示，相反，变质的材料却是焊接的核心区域断裂，见图 7-14（b）。

Al-Mg_2Si-Si 材料母材和焊接接头的断裂表面见图 7-15 和图 7-16，其中图 7-16 是图 7-15 的高倍图。由图 7-15（a）可见，未变质的母材是脆性断裂，没有明显的韧窝和韧唇，与之相对应，变质的母材以及焊接接头体现出了一定数量的剪切唇（图 7-15（b）和（d）），尤其是变质之后的焊接接头，有着典型的韧唇，

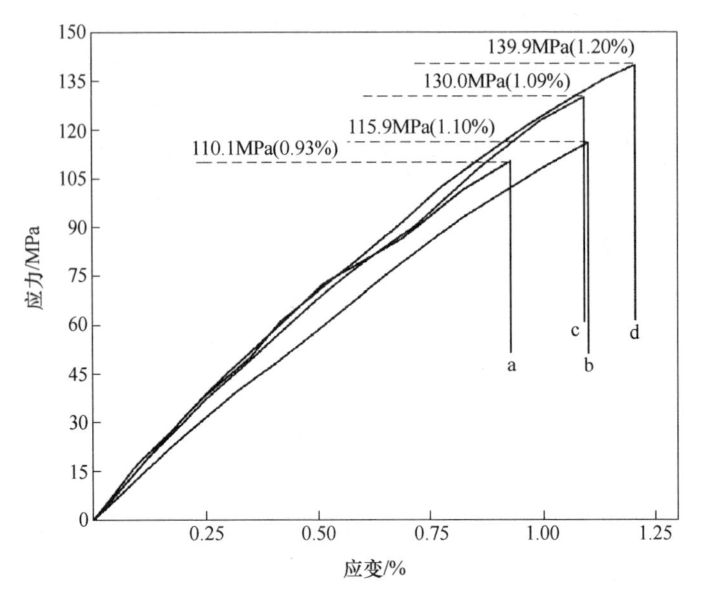

图 7-13　$Al-Mg_2Si-Si$ 合金焊接接头和母材的应力-应变曲线

a—未变质的母材；b—未变质的焊接接头；

c—变质的母材；d—变质的焊接接头

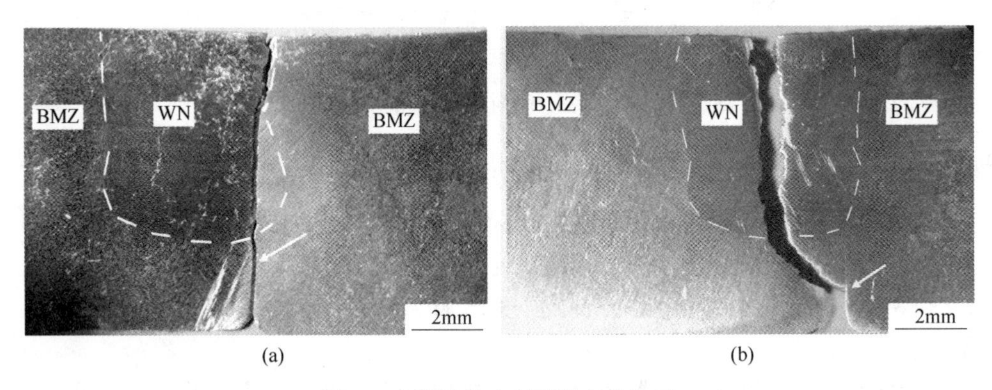

(a)　　(b)

图 7-14　焊接接头断裂的宏观特征

（a）未变质的；（b）P 变质的

如图 7-15（d）所示。这种现象和应力-应变曲线的测试值是一致的。进一步看一下高倍图，图 7-16。图中白色箭头所标注的为初生 Mg_2Si 颗粒（枝晶），由图可以明显看出，未变质和变质的母材和焊接接头中的初晶 Mg_2Si 上有裂纹和破碎的现象。对于颗粒增强金属基复合材料，在拉伸断裂过程通常有两种机制：颗粒碎化和沿着颗粒表面被剥离而断裂。本研究中，除了 Mg_2Si 颗粒表面出现了裂纹之外，仍然保持完整的形貌，这说明断裂的机理主要是沿着颗粒—基体的界面剥离。

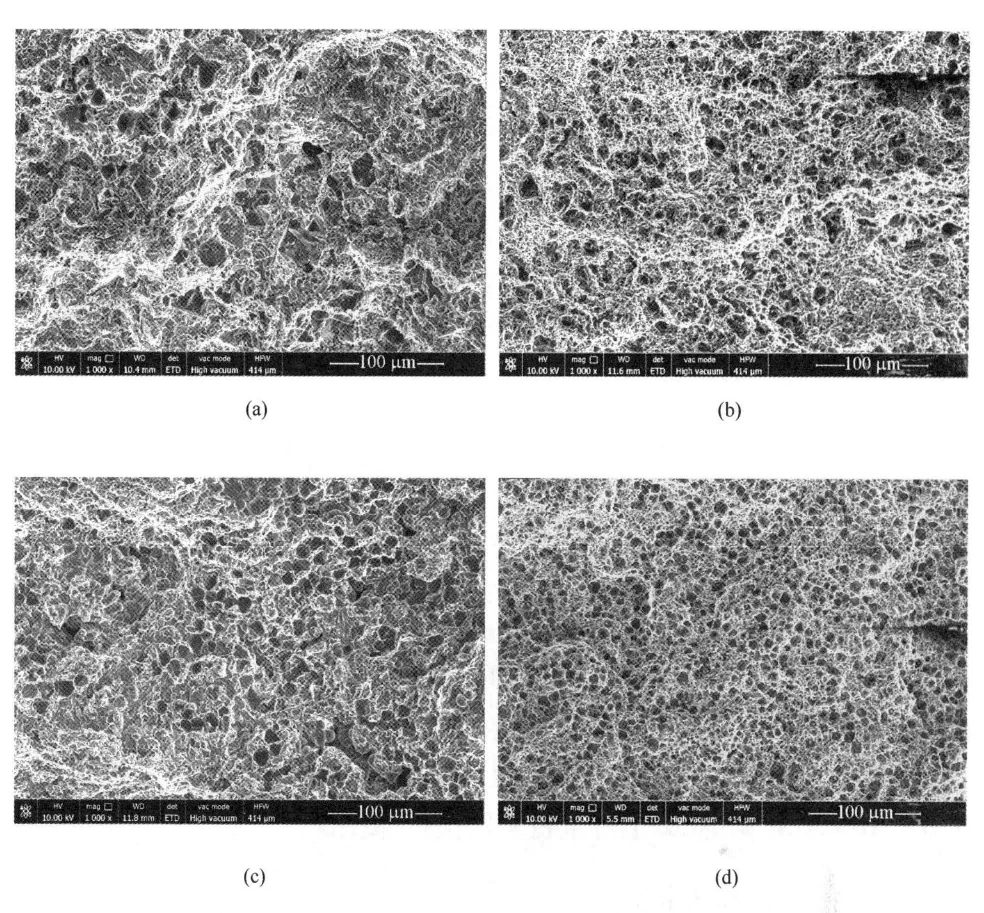

图 7-15　Al-Mg_2Si-Si 材料母材和焊接接头断口特征

（a）未变质的母材；（b）未变质的焊接接头；

（c）变质的母材；（d）变质的焊接接头

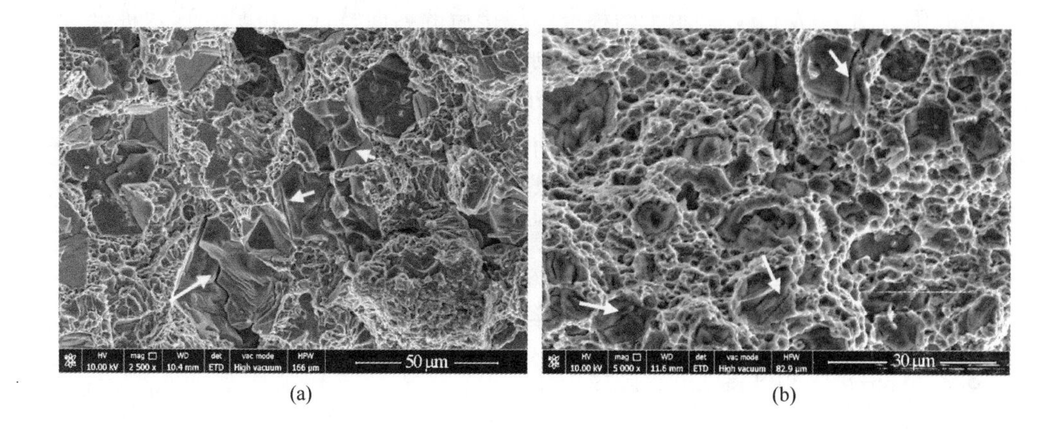

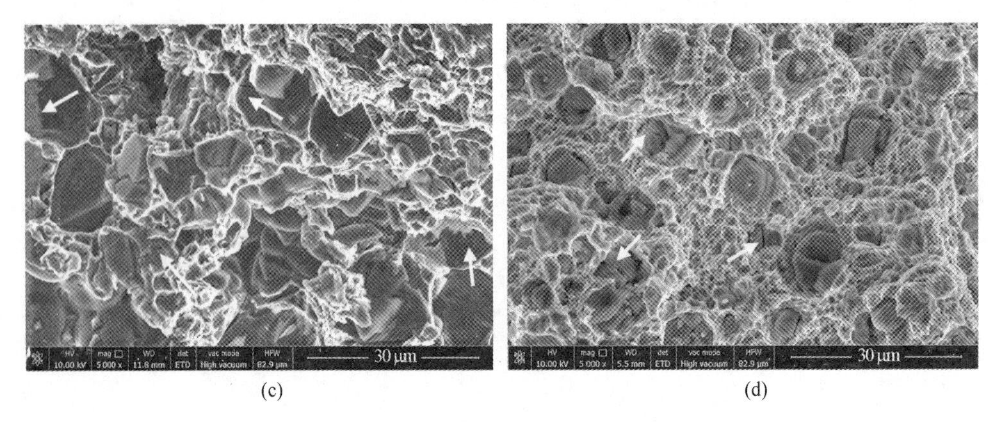

图 7-16　高倍的母材和焊接接头断口特征

（a）未变质的母材；（b）未变质的焊接接头；

（c）变质的母材；（d）变质的焊接接头

因此，可以推断出颗粒与基体之间的界面越少，颗粒分布越均匀，那么材料的强化效果越好。焊接接头更好地改变了基体材料和颗粒的形貌和均一度，因此，抗拉强度更高。本研究中未变质的焊接接头强度不是很高，主要是由于基体材料的强度低，断裂部位恰恰就在母材与热机械影响区的交界处。当然，材料的抗拉强度还受着其他因素的影响，包括颗粒的形貌、大小等等。

7.3　Al-Mg_2Si 与 5052 铝合金材料的搅拌摩擦焊接

7.3.1　焊接区域的宏观特征

图 7-17（a）显示了 Al-Mg_2Si/5052 铝合金焊接接头的断面图，其中右侧部分是前进端，左侧是后退端，同时，右侧为 Al-Mg_2Si 一侧，而左侧则为 5052 铝合金一侧。图 7-17（b）显示了两种合金焊接后的界面特征。可见，这两种合金经过搅拌摩擦焊后分成了焊核区 A、过渡区域 B 以及母材区 C/D。此外，E 区域是未焊透区域（为了研究未焊透材料的特征，实验选用了 5.7mm 长的搅拌针，板材的厚度是 8mm）。同时可以发现在前进端的顶部以及后退端的底部和焊核的中心区域是条带状结构，当然，和上文类似，没有发现缺陷的存在。通常，由于驱动力不足，随着搅拌头的移动，会沿着焊接线形成连续不断的纵向缺陷。对于所有的有缺陷的焊缝，缺陷通常在焊接接头的底部的前进端条带结构和后退端剩余材料之间。本实验中未发现明显的缺陷，说明焊接参数设置得比较合理。

7.3.2　焊接核心和过渡区的显微组织

焊接核心 A 和过渡区 B 的光学显微组织见图 7-18，其中图（a）~（g）分别

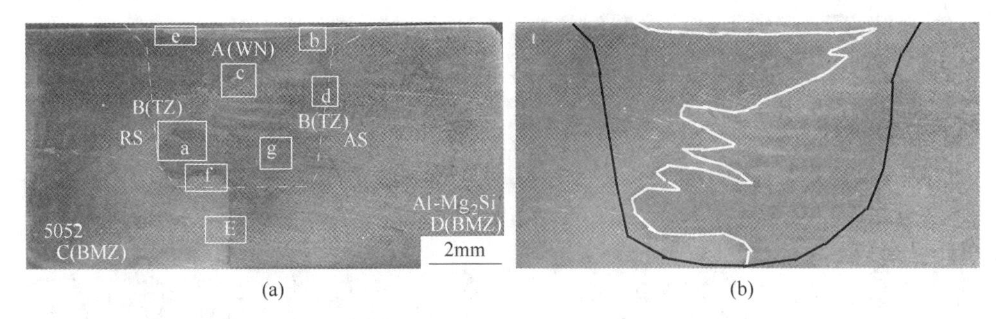

(a) (b)

图7-17 Al-Mg_2Si/5052合金焊接接头截面图（a）和两种材料的界面特征图（b）

对应于图7-17中a~g区域。由图7-18（a）可见，Al-Mg_2Si和5052的熔合区呈现为深颜色，这种颜色随着成分的变化而发生变化。Al-Mg_2Si所占有的比例越高，颜色越深。此外，在混合区域的表面能够发现轻微的条带状结构，在5052和混合区域之间有着清晰的界面。从图7-18（b）和（c）可以看出，明显的条带状结构从前进端向后退端延伸，同时，可见条带状结构并没有贯穿焊接的整个区域。根据文献，条带状结构主要由多层沉积而成，相反，无带状结构区域中的材料保持附着到待焊接材料的其余部分，并且在无带状结构区域中，材料在其向前运动期间被驱动到搅拌头的运行路径中。在后退端，当搅拌头接近非变形的材料处，搅拌头通过所谓的"犁削"作用在其旋转中移除一层材料。图7-18（d）显示了在过渡区域Al-Mg_2Si材料的焊核区域和母材的界面，可见，在焊核区域也存在着轻微的条带结构。同时，Al-Mg_2Si的显微组织在一定的机械力和热的作用下也呈现为具有一定方向的、互相平行的条带状结构。同时能够看到富Al-Mg_2Si层在焊缝的顶端形成，见图7-18（e），即图7-17（a）中e区域。在后退端的底部，在5052和富Al-Mg_2Si区域形成了一层界面，这层界面大约有50μm厚，颜色同富Al-Mg_2Si相比开始变浅，如图7-18（f）所示（图7-17（a）中f区域）。

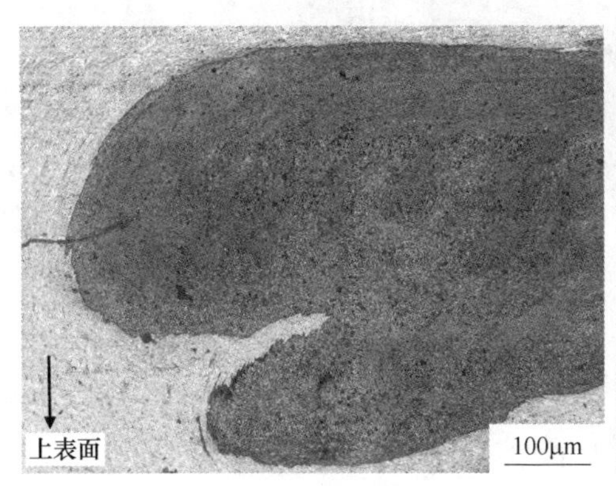

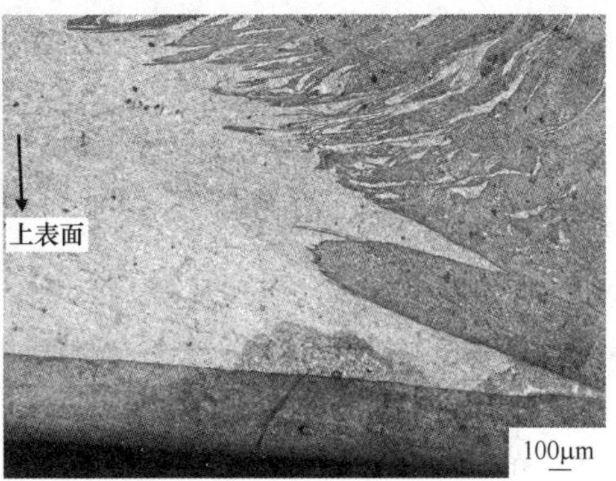

(a) (b)

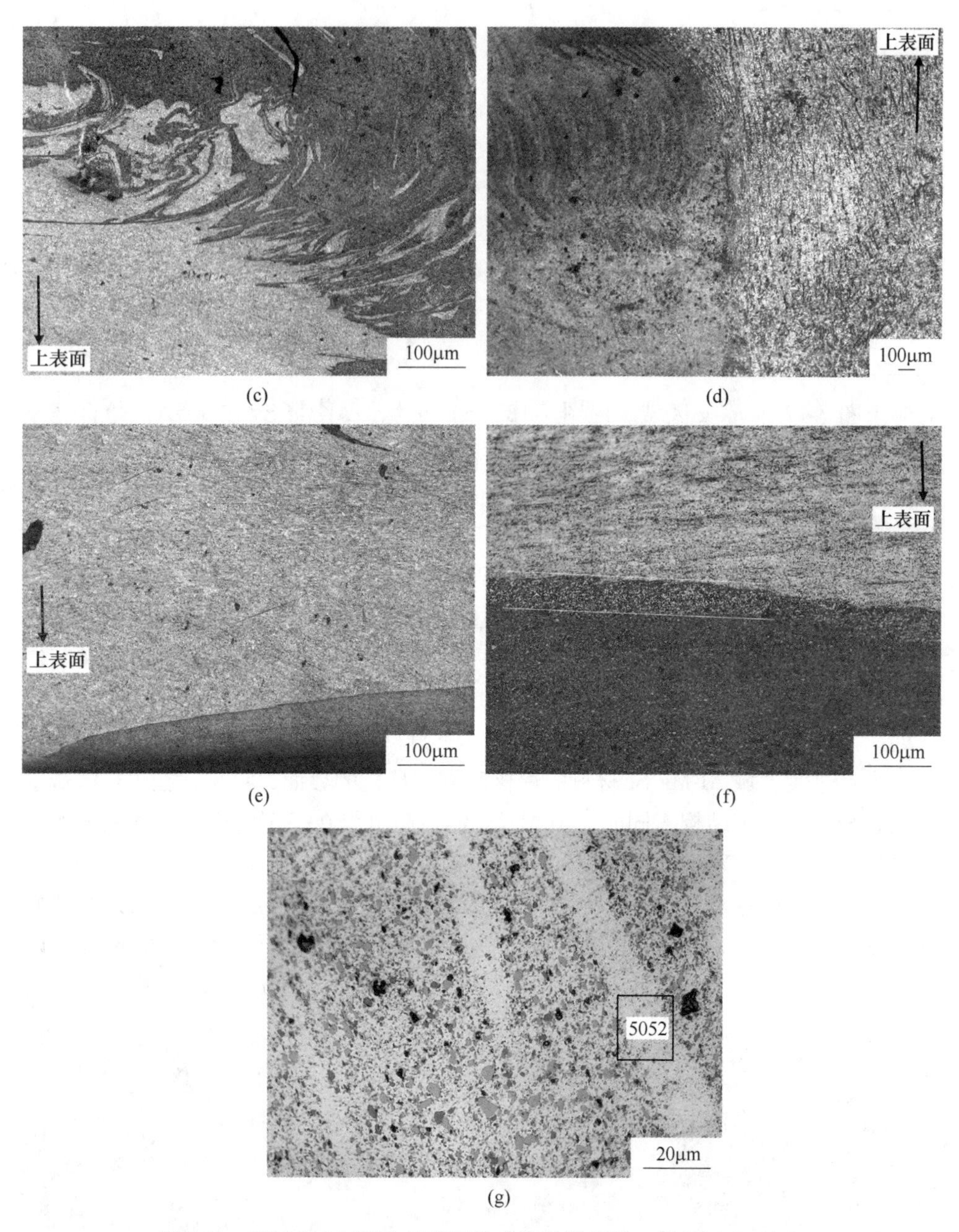

(c)　(d)　(e)　(f)　(g)

图 7-18　焊接核心区域和过渡区的光学显微组织，其中（a）~（g）对应于图 7-17（a）中 a~g 区域

这个界面同图（a）和（e）相比有着很大的差异。可以发现，这个区域也有富 5052 区域，即使在 Al-Mg_2Si 焊核的中心区域。事实上，在多种因素的作用下，

界面的形成是一个复杂的过程。根据文献，材料的界面开始于后退端的上表面，因为位于后退端的材料不被驱动到前进侧，如图6-16（b）所示。随着远离顶部，界面位于前进端上，因为位于后退端的材料被显著地挤压到前进端上。据报道，随着远离顶部，由于速度梯度和相应的变形条件的影响，界面变化也比较明显。随着距离的进一步增加，材料的界面迁移到焊接接头的中心，主要是因为垂直的挤压弯曲减缓了顶部的条带状结构，导致了界面的移动。

为了研究富Al-Mg_2Si，5052以及界面详细的特征，放大的扫描电镜图见图7-19，其中图（a）是富Al-Mg_2Si，图（b）是5052，图（c）是二者之间的界面，图（d）是图（c）的放大图。可见，不管是粗大的初晶Mg_2Si，还是板条状的共晶硅都变成了颗粒状，见图7-19（a），并且初生Mg_2Si的粒径减小到3μm左右。然而，富5052区域呈现为白色和黑色的显微组织，其中白色相为Mg，黑色相为铝。正如文献所报道的，搅拌摩擦焊能够看作一种热加工过程，在这个过程中发生了剧烈的塑性变形，同时产生了大量的热。根据计算结果，在上文已经

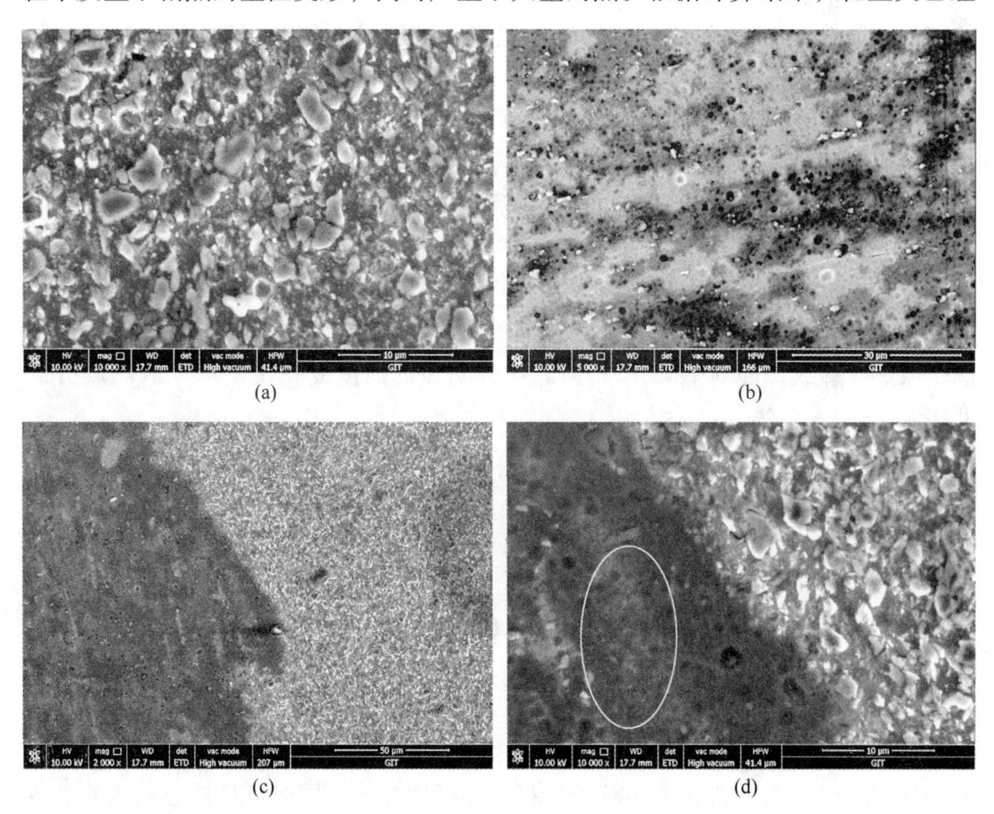

图7-19 富Al-Mg_2Si，5052以及焊核区域界面的显微组织

（a）Al-Mg_2Si；（b）5052合金；（c）二者之间的界面；（d）图（c）的放大图

提到过，搅拌摩擦焊接铝合金过程中最高可以达到 0.8 倍的合金熔点，在这种条件下，结合严重的塑性变形，Mg_2Si 和 Si 被破碎，形成了颗粒状的形貌。与此同时，部分的 Al-Mg_2Si 基体合金被搅入到 5052 合金中形成了黑白相间的显微组织。在 5052 和 Al-Mg_2Si 界面处也印证了这个现象，见图 7-19（c）和（d）。虽然在两种材料之间有一个明显的界面，在 5052 一侧没有发现明显的颗粒，但是，在界面处存在一个明显的白色条带结构，见图 7-19（d），这说明部分的基体合金被搅入。

7.3.3　焊核区域和母材的液相线温度

为了研究焊接过程中出现的可能的固溶现象，不同区域的热分析实验见图 7-20，其中图 7-20（a）和（b）分别显示了加热和凝固过程，Nos. 1 ~ 3 对应于 Al-Mg_2Si 母材、5052 母材以及焊核区域。

研究结果显示 Al-Mg_2Si 母材在熔化过程中有两个吸热峰，分别对应于共晶相的熔化温度（537℃）和初生相的熔化温度（562℃），如图 7-20（a）所示。同时，5052 的母材只有一个吸热峰存在（609℃）。当然，焊接核心区是 Al-Mg_2Si 和 5052 的混合成分，所以 DSC 曲线表现出不同的特征，也就是说，共晶和初生相的熔化温度分别降低到 532℃ 和 558℃。同时可以发现，初生相的熔化温度区间与 No. 1 相比变得更宽。以上曲线可以发现，这个熔化过程不仅包括 Mg_2Si 的熔化，还包括 5052 的熔化。类似地，在 DSC 曲线上凝固过程存在两个放热峰，温度分别是 583℃（初生相）和 528℃（共晶相），见图 7-20（b）。显而易见，5052 合金仍然只有一个放热峰，温度为 648℃。焊接核心区域的冷却曲线也是由两个放热峰组成，即 607℃ 和 583℃。这种明显的温度变化说明焊核区域成分的变化。

由上可见，能够发现搅拌摩擦焊不仅包含熔化、熔合以及低熔点相的固溶过程，还包含高熔点相的混合过程。因此，焊核区域的熔化温度没有发生明显变化的原因是还受到 Al-Mg_2Si 和 5052 合金熔化温度的影响。然而在焊核区域的凝固过程，形成了一个新的合金成分，这种合金成分是由两种母材相互搅拌、混合而成，因此，温度的变化是成分的变化导致的。

7.3.4　Al-Mg_2Si/5052 搅拌摩擦焊接接头的力学性能

图 7-21 显示了焊接接头和母材的显微硬度测试结果，可见显微硬度从 5052 的母材到焊接接头再到 Al-Mg_2Si 的母材是逐渐增加的。同时可见核心区域的显微硬度值高于 5052，低于 Al-Mg_2Si。毫无疑问显微硬度值的变化说明了成分的变化。正如上文中我们所提及的，当经过搅拌摩擦焊之后，焊核区域是由 Al-Mg_2Si 和 5052 搅拌而成，接近 Al-Mg_2Si 区域是富 Al-Mg_2Si 的成分，接近 5052 母材区域

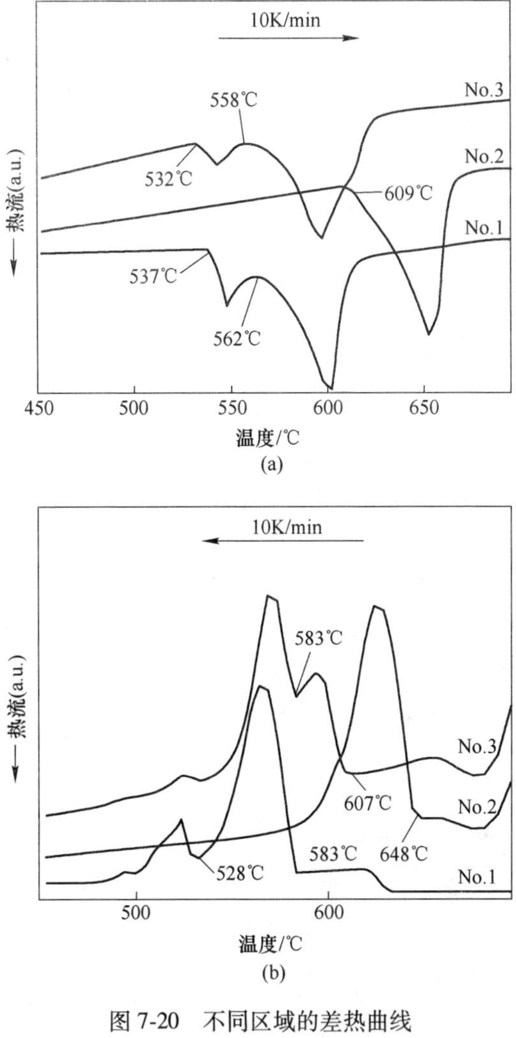

图 7-20　不同区域的差热曲线
（a）加热过程；（b）凝固过程

是 5052 的成分，由于 Al-Mg_2Si 的硬度高于 5052，所以从左至右硬度值逐渐上升。

图 7-22 显示了 Al-Mg_2Si，5052 以及焊接接头的应变-应力曲线，图中 a～c 分别表示 Al-Mg_2Si 合金，5052 合金，焊接接头。从图可见，焊接接头的极限抗拉强度（UTS）为 121MPa，高于 Al-Mg_2Si 母材的抗拉强度 110MPa，低于 5052 合金的母材的抗拉强度 197MPa。这个测试结果和塑性值基本上类似，即焊接接头的塑性高于 Al-Mg_2Si，而低于 5052 合金。

断口的宏观特征见图 7-23，其中图 7-23（a）～（c）中黑色方框内是预制缺

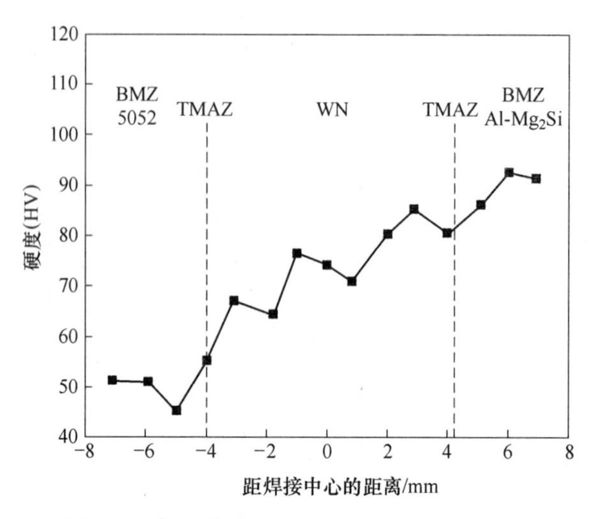

图 7-21　焊接接头和母材的显微硬度测试结果

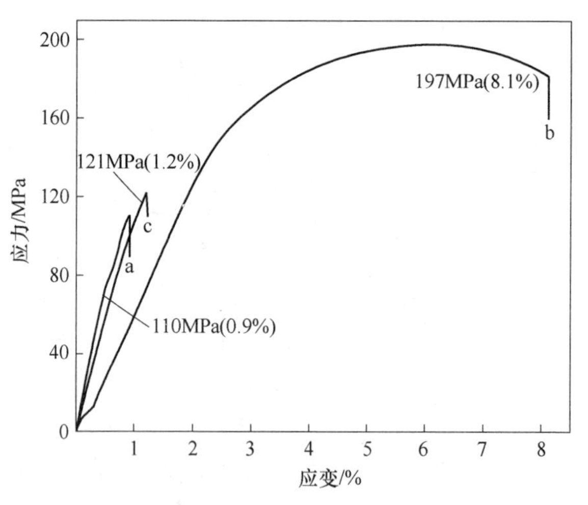

图 7-22　合金焊接接头和母材的应力-应变曲线

a—Al-Mg_2Si 合金；b—5052 合金；c—焊接接头

口。结果显示所有的材料，包括焊接接头都从预制缺口处断裂。此外，Al-Mg_2Si 合金呈现出典型的脆性断裂，且没有明显的塑性变形和颈缩，主要原因是粗大的初晶 Mg_2Si 相的存在，见图 7-23（a），这个结果和应力-应变曲线的结果基本上是一致的。然而，与 Al-Mg_2Si 相比，5052 却呈现出截然不同的特征，见图 7-23（b），它呈现出了典型的塑性变形和颈缩。同时，能够看到在焊接接头上裂纹横穿焊核区域，如图 7-22（c）和（d）所示。值得一提的是富 Al-Mg_2Si 和富 5052 区域也呈现不同的断裂特征，分别是脆性断裂和韧性断裂。因此，能够得出机械性能在一定程度上能够提高主要是因为焊接接头中有一定的韧性材料混入。

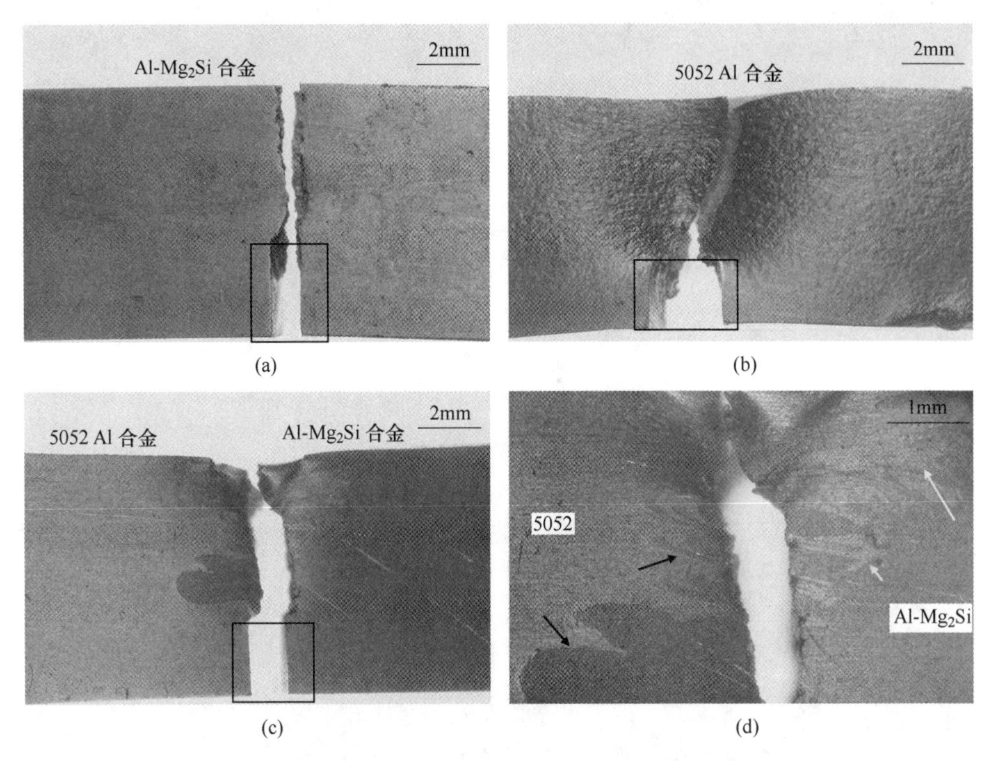

图 7-23 合金和焊接接头的宏观断裂特征

(a) Al-Mg_2Si；(b) 5052 合金；(c) 焊接接头；(d) 图 (c) 的高倍图

Al-Mg_2Si 和 5052 合金断裂的表面特征见图 7-24，其中图 (a) 显示了 Al-Mg_2Si 合金的脆性断裂特征，没有明显的韧窝和韧唇，并且粗大的初生 Mg_2Si 相（图 7-24 (a) 中黑色箭头所标记）在拉伸过程中被挤压破碎。相比较而言，5052 合金存在一些剪切唇和韧窝，如图 7-24 (b) 所示，这些断裂的表面特征和力学性质的测试结果是一致的。

焊接接头的断裂表面形貌见图 7-25，其中 (b)～(d) 分别是 Al-Mg_2Si 区域，5052 区域以及 Al-Mg_2Si 和 5052 交界处的放大图。从图可见焊接接头有 Al-Mg_2Si 区，5052 区以及二者之间的混杂区域。在混杂区域存在着一条明显的山脊状的分界线。此外，正如我们上文所提及的，粗大的初生 Mg_2Si 在搅拌摩擦焊接过程中被搅拌破碎，形成了细小的颗粒，这些细小的初生 Mg_2Si 颗粒改变了断裂表面的特征。如图 7-25 (b) 所示，表面呈现了均匀分布的颗粒，伴有少量的剪切唇，当然，这些细小的颗粒在拉伸挤压过程中出现了一些裂纹。与之相对应的是 5052 区域也发现了一些剪切唇和韧窝，见图 7-25 (c)。由图 7-25 (d) 可见，存在着分布不均匀的剪切平面，这个平面处于 Al-Mg_2Si 和 5052 之间。Al-Mg_2Si 一侧

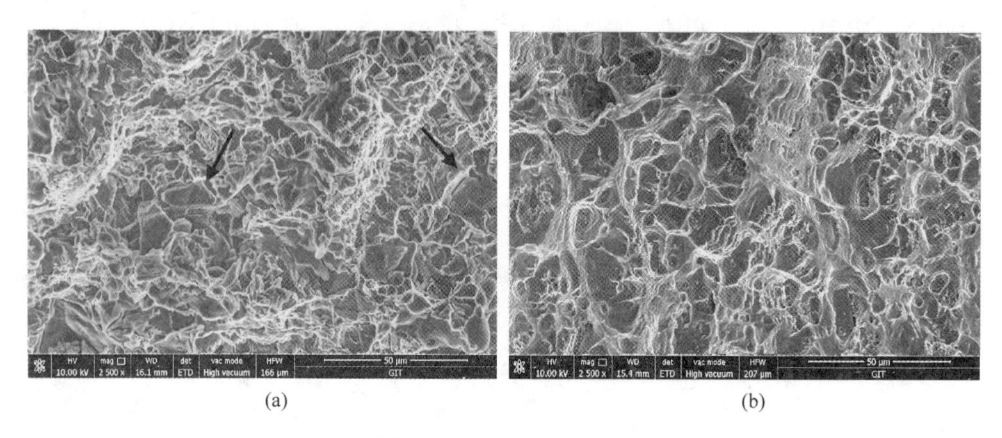
(a)　(b)

图 7-24　Al-Mg_2Si 和 5052 合金断裂的表面特征
（a）Al-Mg_2Si 合金；（b）5052 合金

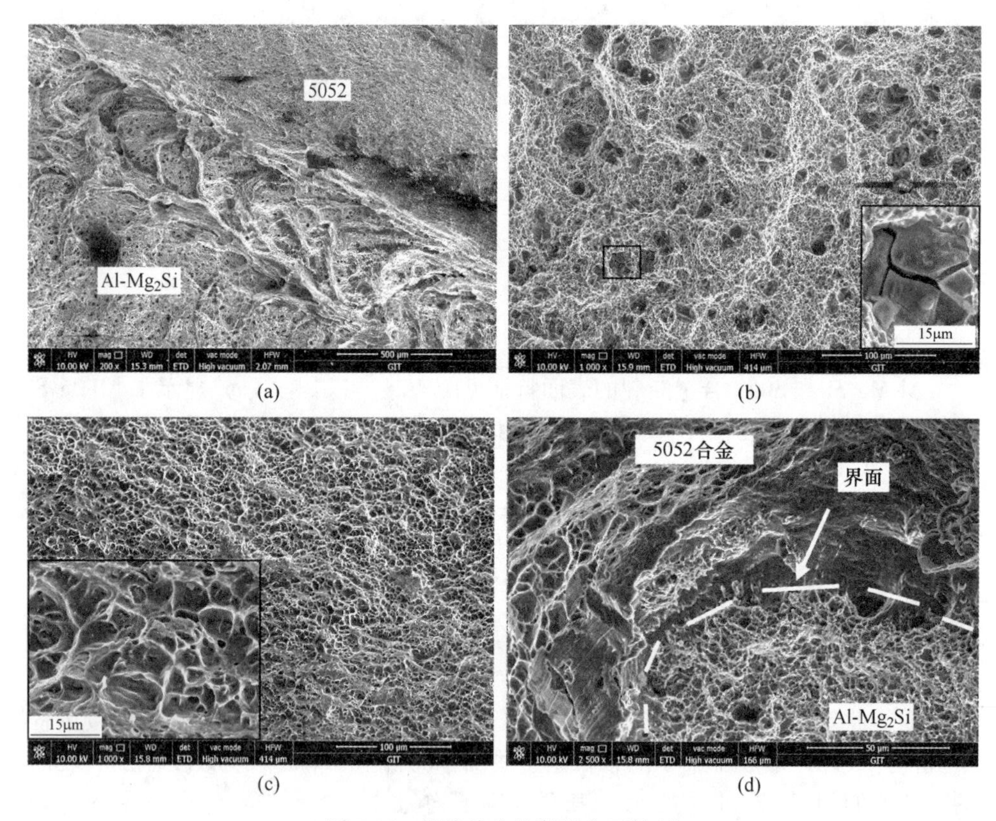

(a)　(b)
(c)　(d)

图 7-25　焊接接头的断裂表面特征
（a）焊接接头；（b）Al-Mg_2Si 区域的高倍的焊接接头表面；
（c）5052 区域的焊接接头表面；（d）Al-Mg_2Si 和 5052 界面处的断裂表面

断裂表面更加平坦，而 5052 一侧有着明显的塑性变形的现象，正如宏观断口中的颈缩现象。因此，能够得出焊接接头强度和塑性的提高主要是因为该区域是由细小的初生 Mg_2Si 相以及韧性更好的 5052 合金形成的。

7.4 本章小结

本章主要研究了 Al-Mg_2Si 材料自身或 Al-Mg_2Si 材料与铝合金材料通过搅拌摩擦焊进行连接。通过实验研究可以发现：Al-Mg_2Si 材料经过搅拌摩擦焊焊接后，粗大的初生 Mg_2Si 枝晶变成了细小的枝晶，同时共晶相也由汉字状或者菊花状变成了细小的颗粒状，由于显微组织的变化，导致了焊接接头的强度和韧性均有所提升；在 Al-Mg_2Si 和 5052 焊接的过程中，焊接接头的强度和韧性高于 Al-Mg_2Si 合金母材，而低于 5052 合金，这也是因为组织发生了变化，甚至成分也发生了改变。

通过本章的研究，可以得出 Al-Mg_2Si 材料能够通过搅拌摩擦焊进行很好的连接。

参 考 文 献

[1] Eberhard E. Schmid, Kerster von Oldenburg, Georg Frommeyer. Micorstructure and properties of as-cast intermetallic Mg_2Si-Al alloys [J]. Z. Metallkid, 1990, 81: 809~815.

[2] Takeuchi S, Hashimoto T, Suzuki K. Plastic deformation of Mg_2Si with the C1 structure [J]. Intermetallics, 1996, 4: S147~S150.

[3] Villars P, Calvert L D. Pearson's Handbook of Crystallographic Data for intermetallic phases [M]. ASM, Metals Park, OH 1985.

[4] Landolt-Bornstein. New Series Structure Data of Elements and Intermetallic Phases [M]. Berlin: Springer Verlag, 1971.

[5] Zhang J, Fan Z, Wang Q Y, et al. Microstructural evolution of the in situ Al-15wt. %Mg_2Si composite with extra Si contents [J]. Scripta Mater., 2000, 42 (11): 1101~1106.

[6] 高英俊，李云雯. Al-Mg-Si 合金的价电子结构分析 [J]. 湖南文理学院学报（自然科学版），2003, 15 (4): 9~12.

[7] Michael Riffel, Jurgen Schilz. 15th international conference on thermoelectrics, 1996: 133.

[8] Riffel M, Schliz J. Mechanical alloying of Mg_2Si [J]. Script. Metall. Mater., 1995, 32 (12): 1951~1956.

[9] Li G H, Gill H S, Varin R A. Magnesium silicide intermetallic alloys [J]. Metallurgical and Materials Transactions A, 1993, 24A: 2383~2391.

[10] Grob E, Neu V, Stohrer U. Procddedings of the 11th international conference on thermoelectric energy conversion. Texas, IEEE, 1992. 07.

[11] Morris R G, Redin R D, Danielson G C. Semiconducting properties of Mg_2Si single crystals [J]. Phys. Rev., 1958, 109: 1909~1915.

[12] Barin I, Knacke O. Thermochemical tables of inorganic substances [M]. Berlin: Springer verlaag, 1973.

[13] Labota R J, Mason D R. The thermal conductivities of Mg_2Si and Mg_2Ge [J]. J. Electrochem. Soc., 1963, 110: 121~126.

[14] 张健. Al-Mg_2Si 原位内生复合材料：组织，性能及功能梯度材料的制备 [D]. 沈阳：中国科学院金属研究所，1999.

[15] 臧树俊. Al/Mg_2Si 复合材料的制备与表征 [D]. 兰州：兰州理工大学，2006.

[16] 李新林. TiC 颗粒增强镁基复合材料的制备 [D]. 长春：吉林大学，2005.

[17] Benjamin J S. Dispersion strengthened superalloys by mechanical alloying [J]. Metallurgical Transactions, 1970, 1: 2943~2951.

[18] Calka A, Radlinski A P. Formation of amorphous Fe-B alloys by mechanical alloying [J]. Applied Physics Letters, 1991, 58 (2): 119~121.

[19] Wu N Q, Lin S, Wu J M, et al. Mechanosynthesis mechanism of TiC powders [J]. Materials Science and Technology, 1998, 14: 287~291.

[20] Ma Z Y, Ning X G, Lu Y X, et al. In-situ Al_4C_3 dispersoid and SiC particle mixture-reinforced aluminum composite [J]. Script. Metall. Mater., 1994, 31 (2): 131~135.

[21] Kazuloshi Y, Moloyama T M. EPMA state and analysis of formation of TiC during mechanical alloying of Mg, Ti and graphite powder mixture [J]. Nppon Kinzoku Gakkaishi/J. Jap. Inst. Metals, 1996, 60 (1): 100~105.

[22] 熊伟，秦晓英，王莉．金属间化合物 Mg_2Si 研究进展 [J]. 材料导报，2005，19：4~7.

[23] Sugiyama A, Kobayasi K, Ozaki K, et al. Synthesis of Mg_2Si based thermoelectric composite by mechanical alloying [J]. Journal of the Japan society of powder and powder metallurgy, 1998, 45: 952~957.

[24] Frommeyrs Georg, Beer Stephan, von Oldenburg Kersten. Microstructure and mechanical properties of mechanically alloyed intermetallic Mg_2Si-Al alloys [J]. Materials research and advanced techniques, 1994, 85: 372~377.

[25] Lu L, Thong K K, Gupta M. Mg-based composite reinforced by Mg_2Si [J]. Composites Science and Technology, 2003, 63: 627~632.

[26] Hiroshi Muramatsu, Katsuyoshi Kondoh, Eiji Yuasa, Tatsuhiko Aizawa. JSME International Journal, 2003, 46: 247~250.

[27] Moore J J, Feng H J. Combustion synthesis of advanced materials: Part Ⅰ. Reaction parameters [J]. Progress in Materials Science, 1995, 39: 243~273.

[28] 修坤．TiC/AZ91 镁基复合材料组织及耐磨性的研究 [D]. 长春：吉林大学，2006.

[29] Merzhanov A G. Self-propagating high-temperature synthesis: Twenty years of search and findings, Combustion and Plasma Synthesis of High-temperature materials [M]. New York: VCH, Weinheim, 1990, 1~53.

[30] Tjong S C, Ma Z Y. Microstructural and mechanical characteristics of in situ metal matrix composites [J]. Materials science and engineering R, 2000, 29: 49~113.

[31] Wang H Y, Jiang Q C, Li X L. In situ synthesis of TiC from nanopowders in a molten magnesium alloy [J]. Mater. Res. Bull, 2003, 381: 1387~1392.

[32] Wang H Y, Jiang Q C, Li X L, et al. Effect of Al content on the self-propagating high-temperature synthesis reaction of Al-Ti-C system in molten magnesium [J]. J. Alloy. Compound, 2004, 366: L9~L12.

[33] Horvitz D, Klinger L, Gotman I. New approach to measuring the activation energy of thermal explosion and its application to Mg-Si system [J]. Scripta Materialia, 2004, 50: 631~634.

[34] 宋雪梅．化学气相沉积硅基薄膜的性能及机理研究 [D]. 北京：北京工业大学，2003.

[35] 臧树俊，周琦，马勤，等．金属间化合物 Mg_2Si 研究进展 [J]. 铸造技术，2006，27：866~870.

[36] Tatsuoka H, Takagi N, Okaya S, et al. Microstructures of semiconducting silicide layers grown by novel growth techniques [J]. Thin Solid Films, 2004, 461: 57~62.

[37] Seung-Wan Song, Kathryn A. Striebel, Xiangyun Song, et al. Amorphous and nanocrystalline Mg_2Si thin-film electrodes [J]. Journal of Power Sources, 2003, 119~121: 110~112.

[38] Brause M, Braun B, Ochs D, et al. Surface electronic structure of pure and oxidized non-epitaxial Mg, Si layers on Si (111) [J]. Surface Science, 1998, 398: 184~194.

[39] Vantomme A, Langouche G, Mahan J E, et al. Growth mechanism and optical properties of

semiconducting Mg_2Si thin films [J]. Microelectronic Engineering, 2000, 50: 237~242.

[40] Mabuchi M, Higashi K. Strengthening mechanisms of Mg-Si alloy [J]. Acta Materialia, 1996, 44 (11): 4611~4618.

[41] Mabuchi M, Kubota K, Higashi K. High strength and high strain rate superplasticity in an Mg-Mg_2Si Composite [J]. Scripta Metallurgica et Materiala, 1995, 33 (2): 331~335.

[42] Yoshinaga M, Iida T, Noda M, et al. Bulk crystal growth of Mg_2Si by the vertical Bridgman method [J]. Thin solid films, 2004, 461: 86~89.

[43] Tamura D, Nagai R, Sugimoto K, et al. Melt growth and characterization of Mg_2Si bulk crystals [J]. Thin Solid Films, 2007, 515: 8272~8276.

[44] Akasaka M, Iida T, Nemoto T, et al. Non-wetting crystal growth of Mg_2Si by vertical Bridgman method and thermoelectric [J]. Journal of crystal grwoth, 2007, 304: 196~201.

[45] 熊伟，秦晓英，王莉．金属间化合物 Mg_2Si 研究进展 [J]. 材料导报，2005，19：4~7.

[46] Takenobu Kajikawa, Keisuke Shida, Kentaro Shiraishi. 17th international conference on thermoelectrics [C]. 1997, 275.

[47] Takenobu Kajikawa, Keisuke Shida, Sunao Sugihara. 16th international conference on thermoelectrics [C]. 1998, 362.

[48] 姜洪义，冷永刚，张联盟．Mg_2Si 固相反应的热力学评估及工艺优化 [J]. 武汉理工大学学报，2001，23：7~9.

[49] 潘复生，张丁非．铝合金及应用 [M]. 北京：化学工业出版社，2006.

[50] Zhang J, Wang Y Q, Yang B, et al. Effects of Si content on the microstructure and tensile strength of an in situ Al/Mg_2Si composite [J]. Journal of materials research, 1999, 14: 68~74.

[51] Zhang J, Fan Z, Wang Y Q, et al. Effect of cooling rate on the microstructure of hypereutectic Al-Mg_2Si alloys [J]. Journal of materials letters, 2000, 19: 1825~1828.

[52] Zhang J, Fan Z, Wang Y Q, et al. Hypereutectic aluminium alloy tubes with graded distribution of Mg_2Si particles prepared by centrifugal casting [J]. Materials and design, 2000, 21: 149~153.

[53] Zhang J, Fan Z, Wang Y Q, et al. Microstructural development of Al-15wt. % Mg_2Si in situ composite with mischmetal addition [J]. Materials science and engineering A, 2000, 281: 104~112.

[54] Zhang J, Fan Z, Wang Y Q, et al. Microstructural reifinement in Al-Mg_2Si in situ composites [J]. Journal of materials science letters, 1999, 18: 783~784.

[55] 艾秀兰，李英民．稀土元素对 Al-Mg_2Si 合金组织及性能的影响 [J]. 铸造，2005，54：238~240.

[56] 艾秀兰，李英民．磷元素对 Al-Mg_2Si 合金显微组织的影响 [J]. 大连铁道学院学报，2005，126：80~82.

[57] 靖青秀，黄晓东．不同 Mg、Si 含量的原位自生 Al-Mg_2Si 基复合材料凝固组织的研究 [J]. 轻合金加工技术，2007，35 (10)：44~50.

[58] 刘政，林继兴．混合稀土氧化物与 $CaCO_3$ 双重变质对原位 Al-Mg_2Si-Si 复合材料组织的影

响［J］. 2007, 56 (8): 801~804.

［59］Neubrand A, Rodel J. Gradient Materials: An Overview of a Novel Concept ［J］. Z. Metallkd, 1997, 5: 358~371.

［60］Koizumi M. FGM actives in Japan, Composites Part B: Engineering, 1997; 28B: 1~4.

［61］Markworth A J, Ramesh K S, Parks W P. Modelling studies applied to functionally graded materials ［J］. J. Mater. Sci., 1995, 30: 2183~2193.

［62］Ruys A J, Kerdic J A, Sorrell C C. Thixotropic casting of ceramic-metal functionally gradient materials ［J］. J. Mater. Sci., 1996, 31: 4347~4355.

［63］Zhang J, Wang Y Q, Zhou B L, et al. Functionally Al/Mg_2Si in situ composites, prepared by centrifugal casting ［J］. J. Mater. Sci. Lett., 1998, 17: 1677~1679.

［64］张健，王玉庆，吴欣强，等. 离心铸造原位 Al/Mg_2Si 复合材料组织与性能的研究［J］. 铸造，1998，9：1~3.

［65］李克，王俊，疏达，等. 电磁分离法制备原位 Al/Mg_2Si 功能梯度复合材料［J］. 上海交通大学学报，2004，38：1433~1437.

［66］Song C J, Xu Z M, Li J G. Fabrication of in situ Al/Mg_2Si functional graded materials by electronmagnetic separation method ［J］. Composites A, 2007, 38 (2): 427~433.

［67］Song C J, Xu Z M, Liang G F, et al. Study of in situ Al/Mg_2Si functional graded materials by electronmagnetic separation method ［J］. Materials science and engineering A, 2006, 424: 6~16.

［68］Song C J, Xu Z M, Li J G. Study on electronmagnetic force for preparation of in situ Al/Mg_2Si functionally graded materials by electronmagnetic separation method ［J］. Metall. Mater. Trans., 2006, 37B: 1007~1014.

［69］Ander Levi. Heredity in cast iron ［J］. The Iron Age, 1927, 6: 960.

［70］边秀房，刘相法，马家骥. 铸造金属遗传性［M］. 济南：山东科技出版社，1998.

［71］陈光，颜银标，崔鹏. 熔体过热对 Sb-Bi 合金凝固组织的影响［J］. 材料科学与工艺，2001，9（2）：113~116.

［72］周振平，李荣德. 合金熔体过热处理研究的国内发展状况［J］. 铸造，2003，52（2）：79~83.

［73］殷凤仕，孙晓峰，李耀彪，等. 熔体过热处理对 M963 合金组织和高温持久性能的影响［J］. 金属学报，2003，39（1）：75~78.

［74］张蓉，沈淑娟，赵志龙，等. 熔体过热处理及冷却速度对 Al-Si 过共晶合金凝固组织的影响［J］. 有色金属，2002，54（3）：19~21.

［75］司乃潮，孙克庆. 熔体过热处理对 Al-4.7%Cu 合金定向凝固力学性能及晶体生长取向的影响［J］. 铸造，2007，56（7）：683~686.

［76］裴忠冶，李俊涛，田彦文，等. 合金熔体过热处理的研究进展［J］. 材料导报，2006，20（9）：83~85.

［77］Spencer D B. PhD thesis, Cambridge: MIT, 1971.

［78］Fan Z. Semisolid metal proceeding ［J］. International materials reviews, 2002, 47: 49~85.

［79］Spencer D B, Mehrabian R, Flemings M C. Rheological behavior of Sn-15 pct Pb in the crystallization range [J]. Metallurgical and Materials Transactions B, 1972, 3 (7): 1925~1932.

[80] Mehrabian R, Flemings M C. Die Casting of Partially Solidified Alloys [J]. Trans. AFS., 1972, 80: 173~182.

[81] Flemings M C. Behavior of metal alloys in the semisolid state [J]. Metallurgical and Materials Transactions A, 1991, 22: 957~981.

[82] Kirkwood D H. Semisolid metal processing [J]. Int. Mater. Rev., 1994, 39: 173~189.

[83] Atkinson H V. Modelling the semisolid processing of metallic alloys [J]. Progress in materials science, 2005, 50: 341~412.

[84] 王金国. 应变诱发法镁合金 AZ91D 半固态组织的演变机制 [D]. 长春: 吉林大学, 2005.

[85] 朱鸣芳, 苏华钦. 半固态等温热处理制备球状组织 ZA12 合金的研究 [J]. 铸造, 1996, 4: 1~5.

[86] 康永林, 毛卫民, 胡壮麒. 金属半固态加工理论与技术 [M]. 北京: 科学出版社, 2004.

[87] 罗守靖. 半固态成型技术讲座 [J]. 机械工人 (热加工), 2004, (3): 70~72.

[88] UBE Industries Ltd. Method and apparatus of shaping semisolid metals: Japan, European Patent EP0745694A1 [P]. 1996.

[89] Hall K, Kaufmann H, Mundl A. In: Chiarmetta G L, Rosso M, editors. Proc. 6th Int. Conf. Semisolid Processing of Alloys and Composites, Turin, Italy, September 2000. Italy: Edimet Spa, 2000: 23~28.

[90] Young K P, Clnye T W. A powder mixing and preheating route to slurry production for semisolid diecasting [J]. Powder Metall, 1986, 29 (3): 195~199.

[91] 苏华钦. 半固态铸造的现状及发展前景 [J]. 特种铸造及有色合金, 1998, (5): 1~6.

[92] Hall K. Detailed processing and cost considerations for new-rheocasting of light metal alloys [C]. Proc. 6th Inter. Conf. On semi-solid processing of alloys and composites, Torino, Italy, 2000, (9): 23~28.

[93] Toshio Haga, Shinsuke Suzuki. Production of aluminium alloy ingots for thixo-forming by the semi-solid casting using a cooling slope [C]. Proc. 6th Int. Conf. Semi-solid Processing of Alloying and Composites, Italy, 2000: 738~740.

[94] Flemings M C, Riek R G, Young K P. Rheocasting Process [J]. AFS International Cast Metals Journal, 1976, 1 (3): 11~22.

[95] 孙亦, 陈振华. 半固态金属基复合材料的制备及流变性研究进展 [J]. 材料导报, 2005, 19 (3): 56~59.

[96] Klier E M, Morterson A, Cornie J A. Fabrication of cast particle-reinforced metals via pressure infiltration [J]. J. Mater. Sci., 1991, 26: 2519~2526.

[97] 祖丽君, 罗守靖, 张洪彦. 半固态挤压 SiC/2024 复合材料的组织性能研究及缺陷分析 [J]. 哈尔滨工业大学学报, 2000, 32 (5): 69~72.

[98] 陈华辉, 邢建东, 李卫. 耐磨材料应用手册 [M]. 北京: 机械工业出版社, 2006.

[99] Girot F A, Quenisset J M, Nasli R. Discontinuously reinforced aluminum matrix composites

[J]. Composites Science Technology, 1989, 30: 155~184.

[100] Vaccari J A. Cast aluminum MMCs have arrived [J]. American Machinist, 1991, 135: 42~46.

[101] 张国定，赵昌正. 金属基复合材料 [M]. 上海：上海交通大学出版社，1996.

[102] Sannino A P, Rack H J. Dry sliding wear of discontinuously reinforced aluminium composites: review and discussion [J]. Wear, 1995, 189: 1~19.

[103] Alpas A T, Zhang J. Wear rate transition in cast aluminium silicon alloy reinforced with SiC particles [J]. Scr. Metall., 1992, 26: 505~509.

[104] Alpas A T, Zhang J. Effect of SiC particle reinforcement on the dry sliding wear of aluminium silicon alloys (A356) [J]. Wear, 1992, 155: 83~104.

[105] Jokinen A, Anderson P. Tribological properties of PM aluminium alloy matrix composites, Annu. Powder Metallurgy Conf. Proc, Metal Powder Industries Federation, American Powder Metallurgy Institute, Princeton, NJ, 1990; 517~530.

[106] Wilson S, Alpas A T. Effect of temperature on the sliding wear performance of Al alloys and Al matrix composites [J]. Wear, 1996, 196: 270~278.

[107] Sato A, Mehrabian R. Aluminium matrix composites: Fabrication and properties [J]. Metall. Trans., 1976, 7B: 443~450.

[108] Wang A, Rack H J. Transition wear behavior of SiC particle and SiC whisker reinforced 7091 Al metal matrix composites [J]. Mater. Sci. Eng. A, 1991, 147: 211~224.

[109] Hosking F M, Folgar Portillo F, Wunderlin R, et al. Composites of aluminium alloys: Fabrication and wear behavior [J]. J. Mater. Sci., 1982, 27: 477~498.

[110] Westwood A R C, Winzer S R. In: P. A. Psaras, H. D. Langford. Advanced Materials Research, National Academy Press, Washington, DC, 1987, 225.

[111] Kuruvilla A K, Prasad K S, Bhanuprasad V V, et al. Microstructure-property correlation in Al/TiB_2 (XD) composites [J]. Scripta Metall. Mater., 1990, 24 (5): 873~878.

[112] Yi H, Ma N, Li X, et al. High-temperature mechanics properties of in situ TiB_{2p} reinforced Al-Si alloy composites [J]. Mater. Mater. Eng. A, 2006, 419: 12~17.

[113] Tjong S C, Tam K F. Mechanical and thermal expansion behavior of hipped aluminum-TiB_2 composites [J]. Mater. Phys. Chem., 2006, 97: 91~97.

[114] Ma Z Y, Tjong S C. Metall. Trans., 1997, 28A: 1931.

[115] 许长林. 变质过共晶铝硅合金中初生硅的影响及其作用机制 [D]. 长春：吉林大学，2007.

[116] Murray J L, McAlister A J. Bull. Alloy Phase Diagrams, 5 (1), Feb 1984.

[117] Nayeb-Hashemi A A. Bull. Alloy Phase Diagrams, 5 (6), Dec 1984.

[118] 李庆春. 铸件形成理论基础 [M]. 哈尔滨：哈尔滨工业大学出版社，1980.

[119] 胡汉起. 金属凝固原理 [M]. 北京：机械工业出版社，2000: 105~108.

[120] 陈晓. 原位自生颗粒增强镁基复合材料的研究 [D]. 长沙：中南大学，2005.

[121] Xu C L, Wang H Y, Qiu F, et al. Cooling rate and microstructure of rapidly solidified Al-20wt.%Si alloy [J]. Materials Science and Engineering A, 2006, 417: 275~280.

[122] Cahn J W. Theory of crystal growth and interface motion in crystalline materials [J]. Acta. Metall., 1960, 8: 554~562.

[123] Cahn J W, Hillig W B, Sears G W. The molecular mechanism of solidification [J]. Acta. Metall., 1964, 14: 1421~1439.

[124] 安阁英. 铸件形成理论 [M]. 北京: 机械工业出版社, 1990.

[125] Braszczynski J, Zyska A. Analysis of the influence of ceramic particles on the solidification process of metal matrix composites [J]. Materials Science and Engineering A, 2000, 278: 195~203.

[126] 梁英教, 车荫昌, 刘晓霞, 等. 无机物热力学数据手册 [M]. 沈阳: 东北大学出版社, 1993.

[127] Sterner Rainer R. US Patent 1940922 [P]. 1933-12-26.

[128] Wang R Y, Lu W H, Hogan L M. Growth morphology of primary silicon in cast Al-Si alloys and the mechanism of concentric growth [J]. Journal of crystal growth, 1999, 207: 43~54.

[129] Xu C L, Wang H Y, Liu C, et al. Growth of octahedral primary silicon in cast hypereutectic Al-Si alloys [J]. Journal of crystal growth, 2006, 291: 540~547.

[130] Wang R Y, Lu W H, Hogan L M. Faceted growth of silicon crystals in Al-Si alloys [J]. Metallurgical and materials transactions, 1997, 28A: 1233~1250.

[131] Wang F, Yang B, Duan X J, et al. The microstructure and mechanical properties of spray-deposited hypereutectic Al-Si-Fe alloy [J]. Journal of Materials Processing Technology, 2003, 137: 191~194.

[132] Bruzzone G, Merlo F. The strontium-aluminium and barium-aluminium systems [J]. J. Less-Common Met., 1975, 39: 1~6.

[133] Chang J. Crystal morphology of eutectic Si in rare earth modified Al-7wt%Si alloy [J]. J. Mater. Sci. Lett., 2001, 20: 1305~1307.

[134] Shamsuzzoha M, Hogan L M. The crystal morphology of fibrous silicon in strontium-modified Al-Si eutectic [J]. Philosophical Magazine A, 1986, 54 (4): 459~476.

[135] 米国发, 文涛, 龚海军. Al-Si 合金 Sr 变质研究现状 [J]. 航天制造技术, 2006, (4): 49~58.

[136] Sigworth G K. Theoretical and practical aspects of the modification of Al-Si alloys [J]. AFS Trans., 1983, 66: 7~16.

[137] Hyde K B, Norman A F, Prangenll P B. The effect of cooling rate on the morphology of primary Al_3Sc intermetallic particles in Al-Sc alloys [J]. Acta. Mater., 2001, 49: 1327~1337.

[138] Watts B M, Stowell M J, Baikie B L, et al. Superplasticity in Al-Cu-Zr alloys, Part Ⅰ: Material preparation and properties [J]. Metal Science, 1976, 10: 189~197.

[139] 张克从, 张乐潓. 晶体生长 [M]. 北京: 科学出版社, 1981.

[140] 汤顺意, 周年润. 铸造 Al-Si 合金的概况和发展趋势 [J]. 浙江冶金, 2007, (2): 1~5.

[141] Weiss J C, Loper C R. Primary silicon in hypereutectic aluminum-silicon casting alloys [J]. AFS. Trans., 1987, 32: 51~63.

[142] Liao H C, Sun Y, Sun G X. Correlation between mechanical properties and amount of

dendritic α-Al phase in as-cast near-eutectic Al-11. 6%Si alloys modified with strontium [J]. Mater. Sci. Eng. A, 2002, 335 (1): 62~66.

[143] Yin F S, Sun X F, Li J G, et al. Effects of melt treatment on the cast structure of M963 superalloy [J]. Scripta. Materialia, 2003, 48 (4): 425~429.

[144] Li P J, Nikintin V I, Kandalova E G, et al. Effect of melt overheating, cooling and solidification rates on Al-16wt. %Si alloy structure [J]. Materials Science and Engineering A, 2002, 332: 371~374.

[145] Kita Y, Van J B, Movrita Z. Covalency in liquid Si and liquid transition-metal-Si alloys: X-ray diffraction studies [J]. J. Phys: Condens. Mater. , 1994, 6: 811~820.

[146] Kysunko V E, Novokhatsky A I, Potoreelov A I. Foundry Production 1986, 11: 10.

[147] Wang J L, Su Y H, Tsao C Y A. Structural evolution of conventional cast dendritic and spray-cast non-dendritic structures during isothermal holding in the semi-solid state [J]. Scr. Mater. , 1997, 37: 2003~2007.

[148] Liu C M, He N J, Li H J. Structure evolution of AlSi6. 5Cu2. 8Mg alloy in semi-solid remelting processing [J]. J. Mater. Sci. , 2001, 36: 4949~4953.

[149] Tzimas E, Zavaliangos A. A comparative characterization of near-equiaxed microstructures as produced by spray casting, magnetohydrodynamic casting and the stress induced, melt activated process [J]. Mater. Sci. Eng. A, 2000, 289 (1~2): 217~227.

[150] Doherty R D, Lee H, Fest E. Microstructure of stir-cast metals [J]. Mater. Sci. Eng. , 1984, 65 (1): 181~189.

[151] Wang J G, Lu P, Wang H Y, et al. Effect of predeformation on the semisolid microstructure of Mg-9Al-0. 6Zn alloy [J]. Materials letters, 2004, 58 (30): 3852~3856.

[152] 弗莱明斯 M C. 凝固过程 [M]. 关玉龙，等译. 北京：冶金工业出版社，1981.

[153] Tzimas E, Zavaliangos A. Evolution of near-equiaxed microstructure in the semisolid state [J]. Mater. Sci. Eng. A, 2000, 289 (1~2): 228~240.

[154] Motegi T, Yano E, Nishikawa N. New semisolid process of magnesium alloys [C]. Proceedings of the Second International Conference on Light Materials for Transportation Systems (LiMAT-2001). Pusan: Center for Advanced Aerospace Materials, 2001: 185~190.

[155] 管仁国，李俊鹏，石路，等. 倾斜式冷却剪切制备半固态 Al-Mg 合金 [J]. 东北大学学报（自然科学版），2005，26（5）：448~451.

[156] 管仁国，康立文，杜海军，等. 倾斜式冷却剪切技术制备 Al-3% Mg 半固态合金坯料 [J]. 中国有色金属学报，2006，16（5）：811~816.

[157] 管仁国，李罡，李俊鹏，等. 倾斜式剪切冷却制备 1Cr18Ni9Ti 不锈钢半固态材料 [J]. 东北大学学报（自然科学版），2005，26（9）：867~870.

[158] Manson-Whitton E D. D Phil Thesis. University of Oxford, 1999: 26~35.

[159] Manson-Whitton E D, Stone I C, Jones J R, et al. Isothermal grain coarsening of spray formed alloys in the semi-solid state [J]. Acta. Mater. , 2002, 50 (10): 2517~2535.

[160] Poirier D R, Ganesan S, Andres M, et al. Isothermal coarsening of dendritic equiaxial grains in Al-15. 6wt. %Cu alloy [J]. Mater. Sci. Eng. A, 1991, 148 (2): 289~297.

[161] 徐祖耀，李麟．材料热力学［M］．北京：科学技术出版社，2001.

[162] 张永进．AlSi3 合金及 SiCp/AlSi3 复合材料的 SIMA 半固态组织研究［D］．长春：吉林大学，2006，50~51.

[163] Loue W R, Suery M. Microstructural evolution during partial remelting of Al-Si7Mg alloys [J]. Mater. Sci. Eng. A, 1995, 203 (1~2): 1~13.

[164] Ferrante M, E de Freitas. Rheology and microstructural development of an Al-4wt%Cu alloy in the semi-solid state [J]. Mater. Sci. Eng. A, 1999, 271 (1~2): 172~180.

[165] Wang J G, Lu P, Wang H Y, et al. Semisolid microstructure evolution of the predeformed AZ91D alloy during heat treatment [J]. Journal of alloys and compounds, 2005, 395 (1~2): 108~112.

[166] Lu P, Wang J G, Liu J F, et al. Effect of La_2O_3 addition on the microstructure of partially remelted Mg-9Al-1Zn alloy [J]. Journal of materials science, 2005, 40 (24): 6429~6432.

[167] Yamanouchi M, Koizumi M, Hirai T. Proceedings of the International Symposium on Functionally Gradient Materials [C]. Sendai, Japan, 1990.

[168] Koizumi M. The Concept of FGM [J]. Cerzmic. Trans. Functionally Gradient Materials, 1993, 34: 3~10.

[169] Shiota I, Miyamoto Y. Functionally Graded Materials [M]. Amsterdam: Elsevier, 1997.

[170] Pei Y T, Hosson J Th M De. Functionally graded materials produced by laser cladding [J]. Acta Mater., 2000, 48: 2617~2624.

[171] 夏耀勤，王敬生．功能梯度材料的制备方法与研究进展［J］．金属材料研究，1998，24 (2)：11~14.

[172] Yan M, Zhu W Z, Cantor B. The microstructure of as-melt spun Al-7%Si-0.3%Mg alloy and its variation in continuous heat treatment [J]. Mater. Sci. Eng. A, 2000, 284: 77~83.

[173] Uzun O, Karaaslan T, Gogebakan M, et al. Hardness and microstructural characteristics of rapidly solidified Al-8-16wt.%Si alloys [J]. J. Alloys. Compd., 2004, 376: 149~157.

[174] 于思荣，张新平，何镇明，等．水冷铜坩埚非自耗电极电弧炉熔炼钛合金的组织及硬度研究［J］．稀有金属材料与工程，2004，33 (3)：246~250.

[175] 程军．计算机在铸造中的应用［M］．北京：机械工业出版社，1993.

[176] 虞觉奇．二元合金状态图集［M］．上海：上海科学技术出版社，1987：362~363.

[177] 长崎诚三，平林真．二元合金状态图集（日）［M］．刘安生，译．北京：冶金工业出版社，2004.

[178] 侯增寿，陶岚琴．实用三元合金相图［M］．上海：上海科学技术出版社，1983.

[179] 崔忠圻，刘北兴．金属学与热处理［M］．哈尔滨：哈尔滨工业大学出版社，1998.

[180] 匡震国，顾海澄，李中华．材料的力学行为［M］．北京：高等教育出版社，1998.

[181] Zhang H, Chen M W, Ramesh K T, et al. Tensile behavior and dynamic failure of aluminum 6092/B_4C composites [J]. Materials Science and Engineering A, 2006, 433: 70~82.

[182] Petch N J. The cleavage strength of polycrystals [J]. J. Iron. Steel. Inst., 1953, 174: 25~28.

[183] Mcelroy R J, Szkopiak Z C. Dislocation substructure strengthening and mechanical thermal

treatment of metals [J]. Int. Met. Rev., 1972, 17: 175.

[184] 闫程科，周延春. Ti_2SnC 颗粒增强铜基复合材料的力学性能 [J]. 金属学报，2003，39 (1): 99~103.

[185] Somi Reddy A, Pramila Bai B N, Murthy K S S, et al. Wear and seizure of binary Al-Si alloys [J]. Wear, 1994, 171: 115~127.

[186] Than Trong Long, Takanobu Nishimura, Tatsuyoshi Aisaka, et al. Wear Resistance of Al-Si Alloys and Aluminium Matrix Composites [J]. Mater. Trans. JIM, 1991, 32 (2): 181~188.

[187] Pramila Bai B N, Biswas S K. Effect of magnesium addition and heat treatment on mild wear of hypoeutectic aluminium-silicon alloys [J]. Acta Metall. Mater., 1991, 39: 833~840.

[188] Kwork J K M, Lim S C. High-speed tribological properties of some Al/SiCp composites: Ⅱ. Wear mechanisms [J]. Composites Science and Technology, 1999, 59: 65~75.

[189] 王国庆，赵衍华. 铝合金的搅拌摩擦焊接 [M]. 北京：中国宇航出版社，2010: 1~6.

冶金工业出版社部分图书推荐